新型农民农业技术培训教材

新技术
新热点

无公害肉鸡
高效养殖与疾病防治新技术

● 蒋合林　主编

U0306870

中国农业科学技术出版社

图书在版编目（CIP）数据

无公害肉鸡高效养殖与疾病防治新技术／蒋合林主编．—北京：中国农业科学技术出版社，2011.9

ISBN 978－7－5116－0633－4

Ⅰ．①无…　Ⅱ．①蒋…　Ⅲ．①肉用鸡－饲养管理－无污染技术②肉用鸡－鸡病－防治　Ⅳ．①S831.4②S858.31

中国版本图书馆 CIP 数据核字（2011）第 162971 号

责任编辑	朱　绯
责任校对	贾晓红　郭苗苗

出 版 者	中国农业科学技术出版社
	北京市中关村南大街 12 号　邮编：100081
电　　话	（010）82106638（编辑室）　　（010）82109704（发行部）
	（010）82109709（读者服务部）
传　　真	（010）82106624
网　　址	http://www.castp.cn
经 销 者	各地新华书店
印 刷 者	中煤涿州制图印刷厂
开　　本	850mm×1 168mm　1/32
印　　张	4.5
字　　数	118 千字
版　　次	2011 年 9 月第 1 版　**2012 年 3 月第 4 次印刷**
定　　价	13.00 元

前　言

养鸡业是我国畜牧业的重要产业之一，我国现代集约化肉鸡养殖始于 20 世纪 70 年代中期。经过 30 年的发展，我国的肉鸡养殖取得了长足的发展，但随之产生的肉难吃等问题也凸显现出来。

因此，养鸡业也存在着巨大的压力，但是综观国内外 30 年肉鸡养殖的现状，无公害肉鸡的市场现状和前景最为乐观。无公害鸡肉是指肉鸡饲养过程中符合无公害食品肉鸡饲养管理准则，按畜禽屠宰卫生检疫规范检疫、检验合格，卫生指标包括农药残留量、兽药残留量以及重金属含量，菌落总数、大肠杆菌数、沙门氏杆菌数都符合标准的鸡肉。

《无公害肉鸡高效养殖与疾病防治新技术》结合我国肉鸡生产实际，重点介绍了无公害肉鸡养殖的实用技术、无公害养殖措施。主要包括无公害肉鸡养殖概述、肉鸡的品种、肉鸡的繁育技术、肉鸡养殖场及鸡舍建设、肉鸡的营养需求与饲粮、肉鸡的无公害饲养管理技术和肉鸡常见疾病的无公害防治技术七部分内容。内容丰富，图文并茂，文字简明，通俗易懂，是当前广大农户养好肉鸡的致富帮手，也可供农村技术人员、基层干部及大、中专学生参考。

限于水平，错误之处在所难免，望指正！

编　者

2011 年 4 月

目　录

第一章 无公害肉鸡养殖概述

第一节 肉鸡养殖的含义和意义

现代肉鸡业是集种鸡饲养、孵化、饲料、商品代肉鸡饲养、疫病防控、成鸡回收、屠宰加工、出口内销等诸多环节于一体，既有工业生产的特点，又有农业生产特点的一个新兴产业。

现代肉鸡生产与以往的肉鸡生产概念已截然不同。20 世纪50 年代以前所称的肉鸡生产，主要是沿用标准品种或杂交种来繁殖，以淘汰多余的小公鸡和产蛋期结束后的老母鸡作为肉用。小公鸡达到市售要求的1.2 ~ 1.5 千克体重，一般要饲养16 ~ 17周，每千克活重耗料4.7 千克以上。而现代肉鸡，6 周龄的仔鸡活重已达到1.82 千克，料肉比仅为（1.72 ~ 1.95）：1。由于肉用仔鸡早期生长速度快、饲养周期短、饲料转化率高，所以生产成本低，价格便宜，肉嫩、皮薄、味美。这些都是淘汰的老母鸡和小公鸡所无法比拟的。所以，从20 世纪20 年代率先发展肉用仔鸡生产的美国，80 年代中期肉用仔鸡的产量已占禽肉生产量的92% 以上。而我国在当时肉用仔鸡仅占鸡肉产量的3.2%，绝大部分鸡肉的来源还是淘汰的老母鸡和小公鸡。

一、肉鸡为人类提供价廉、质优的动物性蛋白质食源

（一）鸡肉是人类最廉价的动物蛋白质食品

由配套杂交而产生的商品肉鸡具有生长迅速的特点，在正常饲养管理条件下，56 日龄活重可达2 千克左右，国外最快的35 日龄可长到1.8 千克。开食后的70 天内，日龄越小，相对的增重速率越快，而单位活重的饲料消耗量也越少。在合理的

饲料配合下，每增重 1 千克活重需要 2~2.3 千克（发达国家只需 1.75 千克）配合饲料。这样高的饲料转化率，是猪和牛都达不到的。肉用仔鸡的料肉比为（1.8~2）:1，猪和兔的料肉比为 3.1:1，肉牛的料肉比为 5:1。肉用仔鸡饲养周期短，一般饲养 70~80 天即可上市，饲养好的 50~60 天就可上市。肉用仔鸡幼龄时生长迅速，以至于饲料转化率高，而且比较优势明显。饲养周期短，使禽舍和设备周转快，利用率高。员工劳动生产率，国际水平达人均年产 10 万只。这样高效率的生产，使其生产成本低廉。

鸡肉是世界公认的最具经济优势的动物蛋白来源，这种价格竞争力的优势，促使鸡肉在世界范围内成为一种大众消费品，成为人类最廉价的优质动物性食品。

（二）鸡肉是适宜人类食用的优质食品

随着人民生活水平的提高，不良的饮食习惯造成饮食结构的失衡，不少"富贵病"日益剧增。人们逐步认识到，应对高脂肪、高胆固醇含量的红肉（猪肉）的消费加以节制，而换之以消费白肉（禽肉）。这是因为鸡肉的低脂肪、低胆固醇含量，不腻口，瘦肉多，肉细嫩，易消化，而且蛋白质含量达 24% 以上，生物学价值达 83%。美国国家协会大力宣传鸡肉具有"一高三低"（高蛋白、低脂肪、低能量、低胆固醇）的营养特点，吃鸡肉有益健康。鸡肉是人们所喜爱的肉中佳品，已经形成了巨大的市场需求。

（三）鸡肉在人类的肉食品结构中将占首位

在肉类食品需求持续增长的格局中，肉食消费结构发生了根本变化。世界绝大多数国家都曾以牛肉、猪肉在肉食品中占主要地位，禽肉尤其是鸡肉所占的比重甚微。可是近几十年来，这种格局发生了很大的变化。据世界普遍规律，肉类消费达到一定水平后，发展的重点是禽肉（禽肉和鱼类并称为白肉，胆固醇含量低，有益于健康）。美国近 20 年来肉类消费的变化情况是，猪肉约占 25%，没有变化，牛肉剧减到 34%，鸡肉猛增到 40% 以上。

二、肉鸡业是畜牧业中增长最快、市场化与规模化程度最高的行业

肉鸡生产是畜牧业中增长最快、市场化与规模化程度最高的行业，它已成为我国农村经济中最活跃的增长点和支柱产业。

2005 年，我国禽类存栏数量达到 53.53 亿只，是 1961 年的 8.14 倍，占世界禽类存栏数量的 29.1%；出栏量达到 96.75 亿只，是 1961 年的 15.9 倍，占世界出栏量的 18.65%，存栏数和出栏量均居世界第一位。我国鸡肉比重略低于世界鸡肉比重。2005 年我国禽肉产量 1 464 万吨，占世界禽肉总产量 8 100 万吨的 18%，占世界肉类总产量 26 510 万吨的 5.5%，分别比 1990 年上升了 8 个百分点和 3 个百分点。在各国禽肉生产中，鸡肉一直普遍受到重视。2005 年产量最大的国家是美国，年产 1 602.59 万吨，占世界的 22.88%；第二位是我国，年产 1 014.87 万吨，占世界的 14.49%。近年来，我国鸡肉占世界鸡肉的比重有上升的趋势。我国已成为世界上家禽饲养、生产和消费大国。

三、发展肉鸡产业是增加农民收入的有效途径

2005 年，我国鸡肉总产量占肉类总产量的 13%，占禽肉总产量的 70%；鸡肉及产品出口额达 8.19 亿美元，占禽类产品出口总额的 62%，占畜禽产品出口总额的 23%，占农产品出口总额的 3%。

据有关专家测算，整个肉鸡产业链为 7 000 万农民提供了生计，相当于农民总数的 9%；为农民创造纯收入 800 多亿元。尽管出口额只有 8 亿多美元，但鲜冻鸡肉及其熟食制品出口，对农民就业和增收的贡献是巨大的。按纯出口部分计算，该类产品出口影响 250 万农民的生计，每出口 1 万美元的产品，为 29 个农民提供生计；共为农民创造纯收入 55 亿元，每出口 1 万美元的产品，创造 6.4 万元纯收入。如果把出口企业带动内销部分计算在内，则影响 1 500 万农民的生计，每出口 1 万美元的产品，为 170 个农民提供生计。共为农民创造纯收入 200 亿元，每出口 1 万美元的产品，创造 23 万元纯收入。

所以说，发展肉鸡产业在农牧业中具有重要的意义，在建设新农村、构建和谐社会中可发挥重要作用。

第二节　肉鸡产业发展的历史和现状

一、发展历史

从世界畜牧业经济发展的历史看，肉鸡生产是近半个世纪以来发展最为迅速的产业。在美国，肉用仔鸡起步早，发展快。1934 年时，年产量为 3 400 万只，饲养时间需要 14 周，每增重 1 千克体重需要 4.5 千克饲料。至 1970 年，年产量达到 30 亿只，平均饲养期为 8 周，每增重 1 千克体重需要 2.5 千克饲料。那时所饲养的品种主要是白洛克、白科尼什等。近半个世纪以来，肉鸡的育种、饲料生产有了突破性的发展。美国爱拔益加家禽育种公司在纯种白羽肉鸡的基础上，实行四系配套，育成了爱拔益加肉鸡，简称 AA 肉鸡。这种鸡体型大，生长发育快，饲料转化率高。

前些年，羽毛鉴别系商品肉鸡 7 周龄公鸡体重平均为 3.31 千克，母鸡 2.76 千克，混养体重 3.04 千克。

我国饲养肉用鸡及肉蛋兼用鸡历史悠久，培育出了一批世界上著名的肉用鸡品种。原产于山东的九斤黄鸡，成年公鸡体重达 4.5 ~ 5.9 千克，母鸡达 4.1 ~ 5.0 千克。还培育出了惠阳鸡、浦东鸡等。近 30 年来，我国引进了数十个白羽肉鸡品种。第一个引进的是星布罗肉鸡，该品种鸡由加拿大谢弗公司培育，四系配套。我国于 1978 年引入曾祖代鸡，分别在上海新杨种禽场和东北农学院饲养。1980 年从美国引进了爱拔益加肉鸡（简称 AA

鸡），饲养在广东、上海、北京、辽宁、黑龙江等地。与此同时，还引进了黄羽肉用种鸡狄高肉鸡、红布罗肉鸡等。我国自己又培育出了新浦东鸡、浙江三黄鸡、岭南黄鸡等品种。

我国现代肉鸡饲养业始于 20 世纪 80 年代，进入 90 年代以后呈现迅猛发展形势。1993—1995 年，我国的肉鸡产量年增长 20%，1998 年全国禽肉产量 935 万吨，是 1984 年的 6.3 倍，在世界各国中仅次于美国，居第 2 位。

二、生产现状

（一）国内生产与消费

家禽饲养是我国畜牧业中的第二大产业。2007 年我国畜牧业总产值 1.61 万亿元（中国农业年鉴）。

2007 年我国鸡肉产量 1 062 万吨（FAO），占禽肉产量的 71%，占肉类产量的 15%，占全球鸡肉产量的 14%。

1. 种禽业生产情况

2003 年的非典，2004—2005 年的禽流感，让种禽企业"郁闷"了 3 年，虽然在某一时间段内价格有短期好转，但更多的时间销售价格低于成本价。

祖代鸡是肉鸡业发展的基石，祖代种鸡年更换量的多少，与次年的父母代种鸡供应量和第三年的商品苗鸡的供应量呈正相关。我国 2002—2006 年祖代鸡的更换量分别是 76.6 万套、76.3 万套、40 万套、59.6 万套和 51.9 万套。由于 2006 年祖代肉种鸡年更换量的减少，造成 2007 年父母代鸡苗供应量相应减少。2007 年 1 月份，祖代鸡场迎来了艳阳天，父母代价格 15 元/套，随着行情渐渐明朗，价格不断被刷新，到 8 月份，价格已升至 28 元/套，而且多数企业年度计划已提前完成。由于需求旺盛，父母代鸡市场竞价异常激烈，9 月份价格逼近 38 元/套，创下了历史新高。此后，价格逐渐回落，12 月底价格稳定在 16 元/套。虽然受饲料价格上涨的影响，但销售价格依然在成本线以上。

据正大家禽事业部提供的数据，2007 年祖代肉鸡进口量为

65万套，2008年上升到75万套。主要集中在北京家育、爱拔益加、大凤公司、山东益生公司、江苏爱拔益加公司等。品种主要为：爱拔益加、科宝500、罗斯308等。

父母代鸡场在2007年年初平淡开场，随着毛鸡价格的持续走高，鸡苗价格进入快速上升通道，7月下旬苗价升至5.0元/只以上，8月初达到难以置信的6.0元/只以上，在维持了近一个月的天价之后，出现了快速下跌，年末维持在2.8元/只左右。

我国2008年父母代种鸡饲养量为4 000万套，其中白羽父母代种鸡2 500万套左右，其余为黄羽肉鸡等，主要在南方。

2009年我国父母代种鸡继续增加，据统计分析，目前约有5 200万套，其中白羽肉鸡的父母代种鸡饲养量为2 000万套；黄羽肉鸡等父母代种鸡为3 200万套。

2. 白羽商品肉鸡饲养情况

2004—2006年，我国的白羽肉鸡产量连续3年下降，2007年开始恢复。2007年上半年，毛鸡价格一路看涨，8月初毛鸡达到2.5元/千克，养殖利润最高的达到6~7元/只。肉鸡养殖被看成最快捷的致富手段。"养肉鸡赚大钱"这个信号在许多地方被放大，各地纷纷建鸡棚，添设备。鸡苗价格就在你抢我夺中不断被抬高，4元，5元，6元，而东北三省价格逼近7元/只。在肉鸡鸡苗价创纪录的同时，也为养殖户由于冲动而导致的亏损埋下了伏笔。这段时间补栏的肉鸡，到出栏时普遍亏损2~4元/只不等。

2007年商品代鸡产量29亿只左右。2008年商品代鸡产量达到30亿只左右。2009年对于大多数行业来说，可以算得上是不堪回首，产能过剩，价格低迷，经济不景气。2009年10月下旬，我国毛鸡价格下跌，山东、河南、河北等地区收购价格狂跌至1.75~1.85元/千克。受肉用毛鸡价格低迷影响，养鸡户补栏积极性受挫，但全年的饲养量依然在增加。北京康牧兽医药械中心樊永清分析，2009年我国饲养商品鸡（白羽肉鸡）32亿只，产肉 288 万吨。

在品种方面，爱拔益加的市场份额仍然保持第一，达到44.8%；罗斯308和艾维茵48分别占第二位和第三位，市场份额分别占到27.3%和21%。这三个品种的合计市场份额达到93.1%。

3. 鸡肉消费量在增长

近十几年来，我国鸡肉生产与消费量都显著增加。1996—2005 年，人均鸡肉消费量由 5.01 千克增加到 7.98 千克。以目前世界主要地区来说，美国的人均鸡肉消费量43.67 千克，加拿大人均鸡肉消费量32.14 千克，欧盟人均消费量15.6 千克；同为发展中国家的巴西，人均消费量也达到33.3 千克。这些都远远高于我国人均近 8 千克的水平。尽管我国的人均鸡肉消费量正在呈不断上升的趋势，但要达到世界平均的10.1 千克/人的消费水平，需要鸡肉大量增产。2008 年我国人均鸡肉消费量 9 千克左右。预计 2011 年我国的人均鸡肉消费量将达到10.3 千克，鸡肉总需求量预计可达到 1 366.6 万吨。2015 年我国的鸡肉消费量将进一步提高，可达到 1 551 万吨。

根据农业部的统计，2007 年离开户籍半年以上进城务工的农民工总数达到 9 300 万人，同时在乡镇企业务工的农民工人数达到 1.3 亿人，合计 2.23 亿人。加上 5.62 亿城镇人口，合计有 7.85 亿人依靠商品化鸡肉进行消费。城市化进程将不断促进宏观经济的发展，而且将进一步促进肉类（尤其是鸡肉）的消费。

（二）世界产量与贸易

世界禽肉总产量 2007 年为 8 620 万吨，比上一年增长 3%。除北美洲外，其他各大洲的禽肉产量均有所增长。其中，美国的家禽生产由于受饲料成本上涨的影响，总产量变化不大，约为361.3 亿磅，同比仅增长 0.22%；南美的巴西和阿根廷保持了较高的增长水平；泰国禽肉产量增长幅度不大，主要是由于 2006 年产量过高，库存较大；日本由于年初受禽流感的影响，产量增长缓慢；其他主要生产国，如澳大利亚、哥伦比亚、印度、印度尼西亚、伊朗、俄罗斯、南非和土耳其的产量均有不同幅度的增长；由于南非禽肉产量增加以及埃及在 2006 年遭受禽流感以后产量有所恢复，非洲禽肉产量将增长；欧盟产量小幅增长，为 1 078 万吨，同比增长 1.32%。

全球禽肉贸易量 2007 年为 820 万吨，同比增长 1.2%。最大出口国巴西出口 300 万吨，增长 11%；美国出口量 56.1 亿磅，增长 6.43%，超过 2001 年 55.55 亿磅的历史最高水平；泰国禽肉出口量也将增长。进口增长主要来自亚洲，但进口大国日本的禽肉进口量将有所减少，主要是由于 2006 年禽流感的影响，库存量很大。俄罗斯由于本国禽肉产量增幅较大，进口量也将减少。

美国农业部国外服务局（USDA-FAS）预计，2011 年全球肉鸡产量预计将达到 7 370 万吨，较 2009 年增长 3%。这个增长的数据较过去几年有所下滑，不过，毕竟较上年还是有所增长。肉鸡产量的增长主要得益于巴西和中国产量的增加，预计 2011 年巴西和中国肉鸡产量将达到一个历史新高，其增长情况将分别远高于 4% 和 3%。两国增长的原因不尽相同，巴西的增长主要来源于其强劲的出口和国内需求，而中国的增长主要来源于人民生活水平的提高。

（三）我国进出口情况

1. 禽肉及杂碎进出口均增长

2007 年，禽肉及杂碎进口量为 73.64 万吨，进口额为 8.59 亿美元，同比分别增加 42.14% 和 1.12 倍。美国和巴西是主要进口来源国，合计占进口总额的 87.33%。主要进口省份是广东、上海、江苏、辽宁和广西，进口额合计占禽肉及杂碎进口总额的 93.52%。

同期，禽肉及杂碎出口额 2.3 亿美元，同比增长 52.56%；出口量为 14.7 万吨，增长 18.73%。主要出口省份是广东、山东、辽宁、河南和吉林，出口额合计占禽肉及杂碎出口总额的 98.49%。

2. 加工家禽出口增加

2007 年，加工家禽出口 22.1 万吨，同比增长 1.87%；出口额 7.01 亿美元，同比增长 3.82%。主要出口至日本、韩国和我国香港地区，出口额合计占加工家禽出口总额的 98.56%。主要出口省、市是山东、辽宁、北京、河北和广东，出口额合计占加工家禽出口总额的 81.22%。

3. 活家禽出口额增加，种禽进口增加

2007 年，活家禽（种禽除外）出口量为 1 499.04 万只，同比减少 11.05%；出口额为 3 134.98 万美元，同比增长 14.49%。活家禽全部销售至我国香港和澳门地区。其中，香港地区销售额为 2 266.02 万美元，同比增长 9.86%。主要出口省份是广东省，出口额为 2 992.21 万美元，同比增长 12.85%，占活家禽出口总额的 95.45%。

种禽进口数量为 116.31 万只，同比增长 25.41%；进口额为 1 616.07 万美元，同比增长 14.25%。进口种禽主要来自于美国和法国。主要进口地区是北京、山东和江苏。

4. 肉鸡市场受国外冲击

2009 年 3 月，美国总统奥巴马签署了美国《2009 年综合拨款法案》，禁止从中国进口鸡肉产品，这已是美国连续五年将中国鸡产品拒之门外。我国国内鸡肉产品一方面出口受阻，而另一方面却受到国外鸡肉产品的强烈冲击，美国在通过调整国家政策禁止进口中国鸡肉产品的同时，自身的鸡肉产品则可以畅通无阻地销往中国。2008 年底，国内最大的肉鸡生产企业山东民和牧业股份有限公司鸡肉产品的营业利润率为 5.05%；到 2009 年上半年，由于国内外环境的双重挤压，鸡肉产品毛利率变为 -2.04%。

第三节　肉鸡产业发展的趋势与对策

一、改变陈旧落后的养殖方式

我国商品肉鸡生产，以广大农村分散饲养为主体。在我国某一个特定的时间段内，即便是饲养水平不高，鸡种来源不纯，饲喂的饲料几乎处于"有啥喂啥"的水平，也能盈利。这就使不少养鸡户尝到了甜头，但也产生了不少错觉，以为养鸡也不过如此，没有什么了不起的。

认为一家一户分散经营的家庭养殖，就是肉鸡饲养业的最佳经营方式，许多人不懂得也不想知道什么是规模化、集约化的肉鸡养殖业。不少地区、村落个体分散的经营逐步发展至无序状态，形成了"近距离、小规模、大群体、高密度、多品种、多日龄"鸡群林立的格局。这种典型的小农经济的做法，使"全进全出"的防疫措施无法实施，以至饲养环境日益恶化，导致疫病复杂而严重。

设施因陋就简，饲养随意无定规，遇到鸡病抗生素似乎成了包治百病的"灵丹妙药"。根本无意去了解什么是现代肉鸡种、什么是配合饲料、什么是预防为主的防治原则，不去掌握现代技术与管理知识。由追求价格"便宜"的鸡苗和"廉价"的饲料，到盲目地依赖疫苗和过滥地用药，加之粗放式的饲养，造成许多饲养上的失误。

农户分散的经营方式，增加了疫病防治的难度。它不利于资源优化配置和环境保护，新技术推广阻力较大，成效难以很快显见。

因此，提高千家万户和具有一定规模的家庭专业饲养的农民的文化技术素质，转变观念，加强学习，变传统的落后饲养为先进的科学饲养，由分散零星的粗放式饲养变为规模化、集约化饲养，由小农经济式的经营过渡到现代的商品化生产。

二、建立规范、标准的饲养格局

（一）肉鸡饲养的3块基石

即饲养环境、鸡种和饲料。

1. 饲养环境的安全是基本条件

随着我国经济的发展，社会对肉鸡产品的安全性以及环境保护提出了强烈的要求，对肉鸡产品药残控制已成为全社会关注的热点，卫生防疫、市场全球化和绿色壁垒，已使国内肉鸡业面临巨大的压力。因此，如何使肉鸡生长在最佳的生态环境体系中，以便充分发挥其潜在的生产性能，成为必须解决的问题。一度被人们淡化的环境因素对肉鸡健康的决定性作用，正不断地强化和凸显在人们的视野中。

生物安全体系理论十分强调环境因素。在保护动物健康中，环境因素具有非常重要的作用，它是保证养殖效益的基础。只有通过实施生物安全技术，为肉鸡生产提供生物安全的饲养环境，才能提高肉鸡及其产品的质量，才能提高出口竞争能力。

生物安全体系包括硬件建设和软件建设两个部分。

构成鸡场生物安全的屏障系统，是实现生物安全的物质保证。鸡场的建设已非传统意义上的便于集中管理，它在肉鸡饲养中的作用更加凸显。设计标准科学、设施装备先进、饲养环境优越的鸡舍，不仅能够提高集约化程度和生产效率，更重要的是可以保障养鸡环境净化，是实现鸡群健康，生产安全健康鸡肉产品的基础。

各项生物安全管理措施的落实，是饲养环境安全的保障。它涵盖了在隔离环境条件下的交通管制措施，严格的消毒净化卫生管理，以及全进全出的饲养制度的建立。

如果说构建生物安全体系的屏障系统是生物安全体系的硬件，那么生物安全体系的管理则是生物安全体系的软件。生物安全体系的硬件一经建立后即很难改变，它是整个生物安全体系的基础；而生物安全体系的软件则比较灵活，是整个生物安全体系的保障措施。生物安全体系的硬件是根本，是生物安全实施的物质保证；而生物安全体系软件对生物安全体系的硬件，具有补充和维持作用。养鸡场要发挥生物安全体系的巨大作用，就必须通过加强管理来实现。

生物安全体系的建立是预防禽病与其他人兽共患传染病的最重要的举措。这意味着今后除了不断改善鸡场状况、管理水平，严格监控饲料及饮水品质外，更重要的是对整个肉鸡产业生产中的观念上的转变。要达到完全控制整个饲养环节的唯一方法，就是运用生物安全观念组织生产。只有彻底改变观念，从管理层开始，至产业链中的每一个环节，都应树立生物安全理念，才能实现肉鸡企业经济利益与社会效率的双赢。

2. 充分利用和发挥种源优势是根本

鸡种的演变是肉用仔鸡业生产力发展水平的标志。初期，作为肉鸡饲养的是一些体型大的鸡种，如婆罗门鸡、九斤黄鸡以及诸如芦花洛克与洛岛红、白色温多顿等兼用种。此外，还有白来航公鸡与婆罗门母鸡的杂交种。自 20 世纪 30 年代开始运用芦花洛克公鸡（♂）与洛岛红母鸡（♀）杂交一代生产肉鸡，犹如我国在 20 世纪 60 年代利用浦东鸡与新汉县鸡的杂交一代进行肉鸡生产一样，主要利用鸡品种间的杂交优势来进行肉用仔鸡的生产。运用体型大的标准品种或其杂交种进行肉鸡生产，是肉鸡生产发展初期的鸡种特点。

20 世纪 50 年代后，一些发达国家开始将玉米双杂交原理应用于家禽的育种工作中，特别着眼于群体的生产性能提高。采用新的育种方法育成许多纯系，然后采用系间的多元杂交生产出商品型杂交鸡，其生产性能整齐划一，且比亲本高 15% ~ 20%。这是世界各国肉用仔鸡业快速发展的种源基础。

然而，对杂种优势现象要有一个清醒的认识，绝不是乱杂乱配，都能运用到生产中去的。正确地运用和充分利用杂种优势的规律，才能把杂种优势在高效益中的潜在能量充分发挥出来。

3. 科学的配方饲料，是肉鸡饲养的基础

由于鸡的生长、发育、繁殖和产蛋都需要一定的营养物质，因此，养鸡就要有"食谱"。

多样化饲料的食谱，既能满足鸡的营养需要，又可提高饲料利用效率。各种饲料含有各种不同的养分，而单一饲料所含的养分不能满足鸡的需要。因此，多种饲料混合饲喂，可以达到几种养分互补，以满足鸡的需要。例如，维生素 D 能促进鸡体对钙、磷的吸收，如果维生素 D 不足，即使饲料中钙与磷的比例是适当的，但因吸收得不多，仍会引起钙、磷缺乏的营养性疾病。在所有的饲料中，还没有哪一种饲料在钙、磷、维生素 D 的三者关系上达到平衡，所以必须由多种饲料的相互配合来实现。

饲料养分间还存在着互相补充作用，进而有效地提高饲料的利用效率。例如，玉米蛋白质的利用率是 54%，肉骨粉蛋白质的利用率为 42%。如果用两份玉米和一份肉骨粉混合饲喂，其利用率不是两者的平均数 50% ［即（54% × 2 + 42%）÷ 3 = 50%］，而是 61%。这是由于肉骨粉蛋白质中含量较高的精氨酸和赖氨酸，补充了玉米蛋白质中这两种氨基酸的不足。

因此，多种多样的饲料组成的"食谱"，可以有效地提高蛋白质的利用效率，充分发挥各种饲料蛋白质的营养价值。所以，科学养鸡必须采用营养全面的配合饲料。

在懂得了科学配合饲料的基础上，还要进一步学习和了解饲料配方的配制技巧，这也是我们需要掌握的一个重要内容。

（二）取得效益的关键在于规范管理

管理出效益这是人们实践活动的常识。但是这个管理，是要按照自然界生物学的客观规律来管理，就是说按照客观规律来管理，才能提高肉鸡养殖效益。否则，将事倍功半，得不偿失。

1. 落实以防为主的综合性防疫卫生措施

只有根本转变观念，走出误区，才能做到防重于治。预防是主动的，治疗是被动的。要做到防重于治，就要从卫生环境管理、消毒、免疫、检测等诸多方面，对群发性疾病，尤其是要以各类传染性疾病为重点，采取预防措施，才能降低疫病的发病率和死亡率，使一些普遍发生、危害性大的疫病得到有效控制。

养鸡场需要依靠生物安全体系、免疫接种和投药 3 项措施，才能保证鸡群健康。在疾病防控中，三者分别通过不同的作用点起作用：生物安全体系主要是通过隔离屏障系统，切断病原体的传播途径，清洗消毒减少和消灭病原体，生物安全体系是控制疾病的基础和根本；疫苗主要针对易感动物，免疫接种主要是通过有针对性的免疫措施增加机体对某个特定的传染病的抵抗力。药物主要针对病原微生物，投药可以减少病原微生物的数量或消灭之。三者相辅相成，以达到更好地预防疾病。

免疫接种的前提条件是要根据肉鸡的来源地和本地区疫病流行情况、亲代鸡的免疫程序和母源抗体的高低，来制定本场切实可行的免疫程序。由于马立克氏病和传染性法氏囊病对免疫中枢器官的损害是终身的，因此，首先要预防的是能引起免疫抑制的马立克氏病和传染性法氏囊病。这样才能保持鸡体免疫系统的功能，在此基础上预防其他疫病才能取得效果。

饮水免疫的技巧是免疫成败的关键。

要严格准确掌握用药量和用药时间，同时要避免药残对人体造成危害等。

2. 遵循生长规律，搞好肉用仔鸡的育雏和肥育

育雏期和肥育期是肉用仔鸡整个饲养过程中的两个关键阶段。只有在了解肉用仔鸡的生理特点、生活习性和营养需要的基础上，才能自如地做好接雏前的准备工作，为雏鸡创造一个良好的环境，给予周到的护理，使肉用仔鸡能按预期的目标增重，以提高经济效益。

3. 肉用种鸡的控制饲养技术是饲养肉用种鸡成败的关键

肉用鸡的最大特点是生长快速，沉积脂肪能力很强，无论在生长阶段还是产蛋阶段，如果不执行适当的限制饲养制度，种母鸡会因体重过大、脂肪沉积过多而导致产蛋量下降，种公鸡也会因过肥、过大而导致配种能力差，精液品质不良，致使受精率低下，甚至发生腿部疾病而丧失配种能力。为了提高肉用种鸡的繁殖性能及种用价值，必须抓好以下关键技术：①限制性饲养制度；②肉用种鸡的体重和体况控制技术；③光照控制等。

鸡体达到性成熟是一个很独特的过程。对优良种鸡的培育，

要求在鸡只生长的前几周使骨骼组织和肌肉、内脏等组织优先生长，而在 14 周龄后应逐步促进鸡只的睾丸、输卵管和卵泡的生长，以至达到性成熟。

为此，要采取诸如控制体重与调整喂料量、体重控制的阶段目标与开产日龄的控制、光照控制技术以及种公鸡的控制饲养技术等一系列控制技术。

（三）高效益的致富之路——产业化经营

1. 产业化经营是我国肉鸡生产的基本途径

没有产业化生产体系的发展，就不可能有高效益的肉鸡产业。也就是说，高效益的肉鸡业与产业化是紧密相连的。

依靠广大农户发展肉鸡养殖，关键是要加快肉鸡业的产业化进程，尽快使我国肉鸡业的经营体制向以龙头企业为核心的贸、工、农一体化的经营模式转变。对龙头企业来说，与农户的联合，可大大节约公司的资金，缓解公司资金不足的矛盾，降低经营成本，增强企业发展的后劲。保证稳定的优质肉鸡的供应渠道。同时，公司通过在产前提供饲料、种苗，产中的疫病防治、技术指导等为养殖户的服务中，降低了农户饲养技术改进的成本。指导农户根据市场需求的变化来组织生产，既避免了农户盲目生产的风险，又保障了公司可以获得相应品质的原料鸡，减少了加工和销售环节的风险。

2. 狠练内功、科学管理是立足之本

核心竞争力是企业的生存之本，是企业长期保持战略优势的关键。企业核心竞争力的培育和提升，必须调动企业全部人力、物力，从制定战略规划入手，通过企业管理创新，企业文化建设，核心技术的掌握，直至实施品牌战略，创建知名企业名牌，稳扎稳打，步步为营，才能最终拥有核心竞争力，使企业在未来的市场竞争中，立于不败之地。

在各种类型的商品肉鸡场中，生产中的管理作用十分突出，它直接影响到经济效益的好坏。它是对物化劳动、活劳动的运用和消耗过程的管理。应该说，管理可以使生产上水平，管理可以出效益。

为此，要强化以市场和效益为中心的经营管理，逐步形成自身的核心技术。整合优质资源，增强核心竞争力，并在生产活动中强化服务体系建设，开拓和引领市场。

在以产品质量和成本核算为核心的生产管理中，应实施品牌战略，从计划管理和标准化管理着手，来加强产品的质量管理。对生产成本加强核算分析与控制，以提高产出效益。

凝聚合力的组织管理是与经营管理和生产管理相匹配的调动企业员工积极性的有力措施，它会从整体上推进企业的生产经营，上下一起形成一股合力，使企业长盛不衰。

第二章 肉鸡的品种

我国目前饲养的肉鸡品种有几十种，按其来源分为国外引进品种和地方优良品种（包括培育品种）。国外引进品种生长速度快，饲料报酬高，但肉质风味相对差；我国地方优良种鸡相对国外引进品种生长速度慢，饲料报酬低，但肉质风味优良。

第一节 我国主要肉鸡品种

现将主要的具有优良传统的地方肉用鸡品种和科研、院校等部门培育的优质肉鸡品种的特征、生产性能介绍如下。

1. 惠阳鸡

原主要产区分布于广东省惠阳、惠东、博罗等县。该品种肉鸡有 10 个特点：黄羽、黄嘴、黄脚、胡须、短身、矮身、矮脚、易肥、软骨、白皮肤。在较好的饲养管理条件下，85 日龄公鸡、母鸡平均体重达 1.1 千克。在放养的条件下，6~7 月龄体重达 1.0~1.1 千克，再经 15 天肥育，体重可达 1.4~1.6 千克。成年鸡平均体重为 2 千克左右。年产蛋量为 120~150 枚。有放养条件的地方，饲养该品种鸡，可降低饲养成本，并适合中国人消费习惯，有望得到较好的经济效益。

2. 浦东鸡

原产于上海市的南汇、川沙、奉贤等地，体躯较大，羽毛以黄、麻、褐色者较多，嘴黄色或褐色，胫黄色。该鸡以体大、多肉、皮下脂肪丰满而著称。3 月龄体重可达 1.25 千克，成年公鸡体重 4~4.5 千克，母鸡 2.5~3 千克。年产蛋量 80 枚左右。蛋壳呈深褐色，就巢性强。

（1）新浦东鸡　由上海市畜牧兽医研究所用浦东鸡与白洛克、红科尼什等鸡杂交育成。羽毛颜色为棕黄或深黄，皮肤略黄，胫黄色。单冠、脸、耳、髯均为红色。胸宽而深，身躯硕大，腿粗而高。该鸡具有个体大、生长快、肉质好等特点。70日龄平均体重为 1.5~1.75 千克。25 周龄开产时平均体重 2.5~2.75 千克，年产蛋量为 140~150 枚。

（2）海新肉鸡　该鸡是由上海市农业科学院畜牧研究所用新浦东鸡及我国其他黄羽肉鸡品种资源，培育成的三系配套的黄羽肉鸡，可分为快速型和优质型两种。快速型海新 101、海新102，生长速度快，饲料转化率高。优质型海新 201、海新202，生长速度较快，肉质好，味鲜美，投放国际市场获得好评。快速型海新肉鸡 56 日龄平均体重 1.6~1.9 千克。优质型海新肉鸡 90日龄平均体重为 1.5 千克以上，料肉比为（3.3~3.5）:1。

3. 桃源鸡

原产于湖南省桃源县。羽毛颜色不一，公鸡黄红色，母鸡黄色居多，上有黑麻色或褐麻色。该鸡以肉质鲜美、富含脂肪著称。成年公鸡体重 4~4.5 千克，母鸡 3~3.5 千克。年产蛋量100~120 枚，蛋重 55 克/枚。

4. 河田鸡

产于福建省河田地区。河田鸡有比较明显的外貌特征，三黄三黑三叉冠，三黄是河田鸡的嘴、皮肤、脚是黄色的；三黑是河田鸡的颈部、尾巴、翅膀有一圈黑毛；三叉冠是河田鸡所特有的冠型。河田鸡以肉质鲜美而驰名，具有幼鸡生长快、早熟等特点。成年公鸡体重可达 2 千克，母鸡体重达 1.5 千克，年产蛋量100 枚以上。

5. 鹿苑鸡

产于江苏省张家港市。屠宰后以外形美观、肉质鲜美而著称。成年公鸡平均体重可达 3~3.5 千克，母鸡可达 2.5 千克。年产蛋量为 120~140 枚。

6. 九斤黄鸡

原产于山东,是我国较早培育的肉鸡品种,为世界著名肉用鸡种。成年公鸡平均体重达4.5~5.9千克,母鸡达4.1~5千克,年产蛋量为80~100枚。

7. 固始鸡

固始鸡被称为"中国土鸡之王",是河南三高集团利用优良的地方土种鸡培育成功的优质肉用型鸡种。该鸡被毛不一,以黄色、麻色和黑色为主,喙、脚为青色,具有适应性强的特点。目前,多分布于我国东部、华南和港澳台地区,部分已走向国际市场。其商品代肉鸡生产性能如下:在10周龄时体重为1.05千克,料肉比为2.7:1;12周龄体重为1.4千克,料肉比为3.2:1。

8. 三黄鸡

三黄鸡主要是以广东省本地的黄鸡为原种选育而成。其基本特点是黄羽、黄脚、黄皮肤,鸡肉鲜美可口,肉嫩,体型、体重中等大小,适应能力强,抗病性能好。其中,包括岭南黄鸡、奥黄882、奥黄鸡。

(1)岭南黄鸡 由广东省农业科学院畜牧研究所培育。主要配套系:Ⅰ号中速型、Ⅱ号快大型、Ⅲ号优质型。商品代初生雏自别雌雄准确率达99%以上,Ⅱ号的生长速度和饲料转化率极佳,达国内领先水平。岭南黄鸡父母代种鸡生产性能见表2-1,商品代生产性能见表2-2。

表2-1 岭南黄鸡父母代种鸡生产性能

性能指标	正常型		矮小型
	快大型	中速型	
开产周龄	24	23	23
开产体重（克）	2 350	2 100	1 500
产蛋高峰周龄	30~31	29~30	29~30
高峰期周平均产蛋率（%）	83	83	85

（续表）

性能指标	正常型		矮小型
	快大型	中速型	
68 周龄入舍母鸡产种蛋数	175	175	180
68 周龄入舍母鸡产苗数	135	140	142
育雏育成期成活率（%）	96	96	95
20 ~ 68 周龄成活率（%）	95	96	95

表 2-2　岭南黄鸡商品代生产性能

类型	周龄		性别		体重（克）		料肉比	
Ⅰ号（中速型）	8	10	母	公	1 340	1 523	2.14:1	2.46:1
Ⅱ号（快大型）	6	6	公	母	1 431	1 174	1.65:1	2.01:1
Ⅲ号（优质型）	10	14	公	母	1 500	1 250	2.80:1	3.10:1

（2）奥黄 882　是广东省白云家禽发展有限公司在"七五"期间，经过多年运用品系选育和品系杂交配套选育技术而育成的优质黄羽肉鸡。其具有高产优质、抗逆性强的特点。13 周龄体重可达 3.5 ~ 3.7 千克，料肉比为 3.0:1。

（3）奥黄鸡　是广东省家禽研究所用香港地方种鸡采用闭锁繁育，连续高度近亲选育而成。该品种体型匀称一致，羽毛为黄色和黄麻色，性成熟较早，150 日龄开产，年产蛋 100 枚，蛋重 51.0 克。90 日龄平均体重均为 1.38 千克，料肉比为 3.0:1。

9. 浙江三黄肉鸡

以肖山鸡为母本，引进肉用公鸡杂交培育而成。在一般饲养条件下，90 日龄体重可达 1.50 ~ 1.60 千克，料肉比为（2.8 ~ 3）:1，成年公鸡 4 ~ 4.5 千克，母鸡 2.5 ~ 3 千克。其以胸肌丰满、屠体美观而著称。

10. 苏禽 85

肉鸡苏禽 85 是由江苏省家禽科学研究所培育成的三系配套

杂交鸡。该肉鸡商品代羽毛黄色，胸肌发达，体脂适度，肉质细嫩，滋味鲜美。该鸡 70 日龄平均体重为 1.5～1.6 千克，料肉比 2.5∶1。

11. 北京油鸡

北京油鸡产于北京市德胜门和安定门外一带，具有三毛特征（冠毛、须毛、脚毛），按毛色分为黄色油鸡和红褐色油鸡两种。体躯不大，但肉质细嫩，肉味浓香，皮下及腹脂丰满，是适于后期育肥的优质肉用鸡种。成年公鸡体重平均为 3 千克，成年母鸡体重平均为 2.5 千克。年产蛋量 120～135 枚。

12. 北京市畜牧研究所选育的黄羽肉鸡新品种

（1）京星黄羽肉鸡　该品种分 3 个配套系：京星 100、京星 101、京星 102。

该品种属小型肉鸡，单冠、胸宽、颈短，性情安静。商品代分为正常型优质肉鸡和矮脚特优型肉鸡，早期增重较快，性成熟早，肉味鲜美、细嫩可口。其生产性能好。京星黄羽肉鸡父母代与同类鸡相比饲料消耗节省 20% 左右。占地面积和设备节省 20% 以上。繁殖性能提高 10% 左右，66 周产蛋数 188 枚，产蛋高峰期受精率 93%～96%。受精蛋孵化率 92%～95%。对马立克氏病有特殊抗性，成活率较高。据介绍，饲养京星肉鸡父母代比饲养同类肉鸡父母代综合经济效益可提高 40% 以上。

（2）北京石歧黄肉鸡　该鸡肉质细嫩，肉味鲜美。在我国两广地区和港澳活鸡市场上是传统的高档肉鸡。它既保留了广东土种鸡的羽毛外貌和肉质肉味，又比土鸡的生产性能优良。石歧黄鸡羽毛色黄中带麻，颈细脚短，体呈元宝形，成活率高，抗逆性强，体型大小适中。母鸡开产体重为 1.75 千克。产蛋期日平均采食量 100 克/只。性早熟，最早产蛋日龄为 100 天左右。年产蛋 170～180 枚，高峰产蛋率 80% 左右，平均蛋重 51 克。商品代肉鸡可据羽速自别雌雄，优质活鸡上市，价格是普通肉鸡的 1.5～2 倍。石歧黄祖代鸡由中国农业科学院畜牧研究所在北京建场保种选育十几年，在稳定生产性能和禽病净化方面，达到国内先进水平。种鸡白痢阳性检出率最近3年内均在0.1%以上。

（3）北京宫廷黄鸡 该鸡父系是古老的北京地方三黄鸡种，具有"头顶凤毛、颌垂胡须、脚生羽翼"的特点，俗称"三毛"的别致外貌，颇具观赏价值。母系羽色艳黄或黄麻，脚细短，体型丰满。商品代鸡具有近似北京油鸡的"三毛"特征。父母代开产日龄150天，开产体重1.5～1.6千克，年产蛋数175枚，入孵化率81%，20周龄成活率96%，产蛋期死淘率<1%。白痢阳性检出率<0.1%。商品代宫廷黄鸡抗病力强，耐粗饲料，母鸡90日龄体重1.4～1.5千克，料肉比3.4:1，出栏率97%。

第二节　国外引进的肉鸡品种

1. 爱拔益加

简称AA肉鸡，是美国爱拔益加育种公司培育的四系配套白羽肉鸡品种，父本豆冠，母本单冠，胸宽，腿粗，肌肉发达，尾巴短，蛋壳棕色。我国从20世纪80年代开始引进，其父母代与商品代遍及全国，是我国白羽肉鸡市场的重要品种。其特点是：生长快，成活率高，饲料报酬高，抗逆性强。可在全国绝大部分地区饲养，适宜集约化养鸡场、规模鸡场、专业户。其生产性能见表2－3、表2－4。

表2－3　爱拔益加父母代肉鸡生产性能

开产日龄（天）	175
产蛋数（枚）	193
可入孵种蛋数（枚）	185
平均孵化率（%）	91
平均出健雏数（只）	159

表2-4 爱拔益加商品代肉鸡生产性能

日龄（天）	体重（千克）	料肉比
42	2.08	1.74：1
49	2.57	1.91：1
56	3.07	2.09：1
63	3.51	2.28：1

2. 艾维茵

艾维茵肉鸡是美国艾维茵国际有限公司培育的配套白羽肉鸡品种，我国自1987年开始引进，是我国肉鸡饲养较多的品种。其外貌特征是：体型饱满，胸宽，腿短，黄皮肤，具有增重快、成活率高、饲料报酬高、适应性强的特点。可在我国绝大部分地区饲养，适宜集约化饲养场、规模鸡场、专业户饲养。其生产性能见表2-5、表2-6。

表2-5 艾维茵父母代肉鸡生产性能

开产日龄（天）	175~182
产蛋数（枚）	194.8
可入孵种蛋数（枚）	184.5
平均孵化率（%）	85
平均出健雏数（只）	160

表2-6 艾维茵商品代肉鸡生产性能

日龄（天）	体重（千克）	料肉比
42	1.97	1.72：1
49	2.45	1.89：1
56	2.92	2.08：1
63	3.36	2.27：1

3. 安卡红

原产于以色列,为四系配套的速生型黄羽肉鸡,其外貌特征是:体型大,单冠,黄腿,黄喙,肉髯,耳均为红色、肥大。具有适应性强、耐应激、生长速度快、饲料报酬高的特点,与我国地方鸡种杂交有较好的配合力,可在我国绝大部分地区饲养,适宜集约化鸡场、规模化养鸡场、专业户。其生产性能见表2-7、表2-8。

表2-7 安卡红父母代种鸡生产性能

开产日龄(天)	175
产蛋数(枚)	176
可入孵种蛋数(枚)	164
平均孵化率(%)	87
平均出健雏数(只)	140

表2-8 安卡红商品代肉仔鸡生产性能

日龄(天)	体重(千克)	料肉比
42	2.01	1.75:1
49	2.41	1.94:1
56	2.88	2.15:1

4. 哈巴德高产宽胸肉鸡

由美国哈巴德公司培育而成的。配套系为白羽毛、白蛋壳;商品鸡可据羽速自别雌雄,有利于分群饲养;种鸡产蛋性能高,孵化率高,易于管理;商品肉仔鸡生产速度快,出肉率高,饲料转化率高,体型适中,适宜深加工和生产附加值高的产品,可在我国大部分地区饲养。其生产性能如表2-9、表2-10所示。

表 2 – 9　哈巴德高产宽胸父母代肉鸡生产性能

开产日龄（天）	175
产蛋数（枚）	180
可入孵种蛋数（枚）	173
平均孵化率（%）	86～88
平均出健雏数（只）	185～140

表 2 – 10　哈巴德高产宽胸商品代肉鸡生产性能

日龄（天）	体重（千克）	料肉比
28	1.25	1.54：1
35	1.75	1.68：1
42	2.24	1.82：1
49	2.71	1.96：1

5. 狄高肉鸡

该品种是由澳大利亚狄高公司培育而成的两系配套杂交肉鸡，父本为黄羽、母本为浅褐色羽，商品代皆黄羽。其特点是商品肉鸡生长速度快，与我国地方优良种鸡杂交，其后代生产性能好，肉质佳，可在我国大部分地区饲养。其生产性能如表 2 – 11、表 2 – 12 所示。

表 2 – 11　狄高肉鸡父母代生产性能

开产日龄（天）	175
产蛋总数（枚）	191
可入孵种蛋数（枚）	177.5
平均孵化率（%）	89
平均出健雏数（只）	175

表 2 - 12　狄高商品代肉鸡生产性能

日龄（天）	体重（千克）	料肉比
42	1.81	1.88 : 1
49	2.12	1.95 : 1
56	2.53	2.07 : 1

6. 红布罗

该品种鸡是加拿大雪佛公司育成的大型肉鸡。其外貌特征是：体大，红羽，黄腿，黄皮肤，胸部肌肉发达。该品种鸡适应性好，抗病力强，生长速度快，肉质好，与我国地方品种肉鸡杂交效果好，可在我国大部分地区饲养。其生产性能如表 2 - 13、表 2 - 14 所示。

表 2 - 13　红布罗父母代肉鸡生产性能

开产日龄（天）	168
产蛋总数（枚）	185
可入孵种蛋数（枚）	172
平均孵化率（%）	84
平均出健雏数（只）	137 ~ 145

表 2 - 14　红布罗商品代肉鸡生产性能

日龄（天）	体重（千克）	料肉比
40	1.29	1.86 : 1
50	1.73	1.94 : 1
62	2.2	2.25 : 1

7. 罗斯-308

该品种肉鸡是由英国罗斯育种公司培育而成，父母代为四系配套，白羽，体大。其特点是：父母代繁殖力强，出雏数多，商品肉鸡可据羽速自别雌雄，成活率高，生长快，屠宰率高，饲料报酬高，适宜全鸡生产及分割加工，畅销世界市场，可在我国大部分地区饲养。其生产性能如下（表2－15、表2－16）。

表2－15　罗斯-308父母代肉鸡生产性能

开产日龄（天）	168
产蛋总数（枚）	186
可入孵种蛋数（枚）	177
平均孵化率（%）	85
平均出健雏数（只）	149

表2－16　罗斯-308商品代肉鸡生产性能

日龄（天）	体重（千克）	料肉比
42	1.67	1.81:1
49	2.09	2.01:1
56	2.5	2.15:1
63	2.92	2.28:1

8. *海波罗-PN*

该品种鸡是荷兰海波罗公司培育而成的新配套系鸡种，其父母代全为白色羽毛。其特点是：父母代繁殖力强，持续高产，饲料消耗低，商品肉鸡生长快，均匀度好，腹脂率低，抗病力强，能在各种不同的饲养管理条件下健康成长，可在我国大部分地区饲养。其生产性能如表2－17、表2－18所示。

表2－17　海波罗-PN父母代肉鸡生产性能

开产日龄（天）	161
产蛋总数（枚）	185
可入孵种蛋数（枚）	178
平均孵化率（%）	86
平均出健雏数（只）	148

表2-18　海波罗-PN商品代肉鸡生产性能

日龄（天）	体重（千克）	料肉比
28	1.26	1.45：1
35	1.83	1.61：1
42	2.42	1.74：1
49	2.97	1.85：1

9. 塔特姆

该品种鸡由美国塔特姆公司培育而成父系属考尼什型，体躯大，豆冠，黄腿，黄皮肤，黄喙，白羽；母系是杂交选育而成，单冠，黄喙，黄腿，黄皮肤，白羽，可在我国大部分地区饲养。其生产性能见表2-19、表2-20所示。

表2-19　塔特姆父母代肉鸡生产性能

开产日龄（天）	168
产蛋总数（枚）	174
可入孵种蛋数（枚）	167
平均孵化率（%）	85
平均出健雏数（只）	143

表2-20　塔特姆商品代肉鸡生产性能

日龄（天）	体重（千克）	料肉比
42	1.63	1.83：1
49	2.05	1.97：1
56	2.48	2.05：1
63	2.81	2.15：1

10. D型矮洛克

该品种鸡原产于法国，属小型肉鸡品种。其外貌特征是：体小，白羽，黄喙，黄胫，黄皮肤，胫部短，比正常鸡胫短 1/3 左右。其特点是：产蛋量高，生长速度快，抗病力强，可在我国大部分地区饲养，适合笼养。其生产性能见表 2 – 21、表 2 – 22。

表 2 – 21 D 型矮洛克父母代种鸡生产性能

开产日龄（天）	175
产蛋总数（枚）	173
可入孵种蛋数（枚）	167
平均孵化率（%）	86

表 2 – 22 D 型矮洛克商品代肉鸡生产性能

日龄（天）	体重（千克）	料肉比
49	1.71	2.15 : 1
56	1.9	2.32 : 1

第三节 肉鸡的培育品种

一、新浦东鸡

新浦东鸡是以优良地方品种浦东鸡为基础，分别与白洛克鸡、红科尼什鸡杂交，经过系统选育而成的我国第一个黄羽肉鸡品种，由上海市农业科学院畜牧兽医研究所培育，主要分布在江苏、浙江、广东一带，并被推广到福建、湖南等省。新浦东鸡被列入《中国家禽品种志》。

新浦东鸡具有体型大、肉质鲜美等特点。新浦东鸡外貌与浦东鸡无多大变化，但体躯较长而宽，胫部略粗短且无胫羽，其体型更接近肉用型。初生雏绒羽多呈黄色，少数头、背部有条状褐色或灰色羽绒带。成年公鸡体型高大、健壮、胸宽，羽色有黄胸黄袄、红胸红背、黑胸红背 3 种。母鸡羽毛全身黄色，部分为深黄。羽片端部或边缘常有黑色斑点，因而形成深麻色或浅麻色。

喙色1月龄前为黄褐色，2~6月龄部分黑色，产蛋后期黄色。

新浦东鸡成年公鸡平均体重为4.0千克左右，母鸡3.26千克左右。新浦东鸡的肉用仔鸡生长速度为：4周龄公鸡平均重432.7克，母鸡平均重390.5克；9周龄公鸡平均重1862.6克，母鸡平均重1490.6克；10周龄公鸡平均重2172.1克，母鸡平均重1703.9克。在一般饲养条件下，10周龄公母鸡混合平均重都可达1.50千克以上。新浦东鸡饲料利用率一般生产鸡为(2.7~2.9):1。10周龄鸡屠宰率半净膛屠宰率平均达85%以上。新浦东鸡开产日龄平均为184天，达50%产蛋率的平均日龄为197.8天。一般鸡群500日龄产蛋量平均为140~152枚。

新浦东鸡一般入孵蛋孵化率达70%以上，受精蛋孵化率达80%。10周龄成活率高达98%，一般为92%以上。新浦东鸡目前主要在南方地区饲养。

二、康达尔黄鸡128配套系

康达尔黄鸡128配套系包括康达尔128A、康达尔128F两个品系，为黄羽肉鸡。由深圳康达尔（集团）有限责任公司家禽育种中心培育，经过国家畜禽品种审定委员会审定，2000年7月农业部正式批准。

康达尔黄鸡128配套系属中速优质肉鸡，羽毛黄色和黄麻，体呈长方形。胸肉丰满，具有肉质优良、成活率高的特点。

康达尔黄鸡128配套系种蛋受精率康达尔128F为96.67%，康达尔128A为97.33%；入孵蛋孵化率康达尔128F为88.5%，康达尔128A为92.83%；受精蛋孵化率康达尔128F为91.55%，康达尔128A为95.38%；健雏率康达尔128F为98.68%，康达尔128A为100%。

康达尔黄鸡128配套系12周龄母鸡体重康达尔128F为1944.86克，康达尔128A为1849.96克；饲料转化率康达尔128F为3.09:1，康达尔128A为3.16:1；成活率康达尔128F为98.91%，康达尔128A为98.06%；8周龄公鸡体重康达尔

128F 为 1 636.13 克，康达尔 128A 为 1 488.06 克；饲料转化率康达尔 128F 为 2.11∶1，康达尔 128A 为 2.20∶1；成活率康达尔 128F 为 99.42%，康达尔 128A 为 98.02%。

康达尔黄鸡 128 配套系公鸡 56 日龄屠宰，屠宰率康达尔 128F 为 94.59%，康达尔 128A 为 93.3%；胸肌率康达尔 128F 为 17.44%，康达尔 128A 为 18.20%；腿肌率康达尔 128F 为 26.70%，康达尔 128A 为 26.06%。84 日龄屠宰，屠宰率康达尔 128F 为 94.77%，康达尔 128A 为 94.08%；胸肌率康达尔 128F 为 21.05%，康达尔 128A 为 22.17%；腿肌率康达尔 128F 为 27.31%，康达尔 128A 为 26.78%。

康达尔黄鸡 128 配套系可在全国各地饲养，适宜集约化养鸡场、规模化鸡场、专业户和农户养殖。

三、万寿鸡

万寿鸡是中国农业科学院畜牧所育成的两系配套黄羽优质肉鸡良种。其父本体型为正常型，母本在育种中曾应用过矮小基因。此鸡商品代矮脚、宽胸、浅黄羽，适应于高档餐馆。70 日龄公鸡体重 1 565 克。母鸡 1 290 克，混养体重 1 387 克，料肉比 2.33∶1；90 日龄公鸡体重 1 983 克、母鸡 1 567 克，混养体重 1 775 克，料肉比 2.78∶1。

第三章　肉鸡的繁育技术

第一节　肉鸡的配育技术

一、人工授精技术

（一）公鸡的采精技术

1. 公鸡的选择与训练

肉用种公鸡选留分 3 次进行：第一次选择在 6~7 周龄，将明显有缺陷，如腿病、瞎眼、歪头、杂色羽毛或体型较小、体重较轻、发育差的劣质鸡淘汰掉；第二次选择在 18~20 周龄，选留体型外貌符合本品种要求、发育良好、体重在标准体重范围内，用手从背部向尾羽方向按摩，尾羽向上翘、性反应好的公鸡，选留公母比例为 1：（15~20）；第三次选择在 30 周龄左右进行，将采精量少、精液品质差的公鸡淘汰，选留每次采精量在 0.3 毫升以上、精液浓、活力好的公鸡。选留的母鸡比例为，春季孵化出雏的，留种比例为 1：（15~25）；夏秋季孵化出雏的，留种比例为 1：（15~20）。公鸡的性成熟与母鸡基本一致，在 25 周龄左右。母鸡开始产蛋时，公鸡就可以进行采精按摩训练。首次按摩训练的先剪去公鸡泄殖腔周围的羽毛，便于以后采精操作和收集精液。一般每天按摩训练一次或隔日一次。有的公鸡第一次按摩训练时就有性反射，可能采到精液，而大部分公鸡要经过 3~4 次训练才可建立性条件反射和采到精液。极少数公鸡经按摩训练，无性反射反应。一般有性反射，采到精液的公鸡约为 3/4，有 1/4 的公鸡不射精或射精量很少，这部分公鸡应及时淘汰。

2. 肉用种公鸡的采精方法

一人或两人协同采精。一人单独操作时，采精员将经过消毒的集精杯夹在右手中指和无名指之间，杯口向内（掌心）、向外（手背）都可以。用左手打开笼门，将公鸡从笼内抓出放在地面上，呈自然蹲伏姿势，公鸡头部朝后，尾部朝前。如公鸡挣扎，用左手在公鸡的背腰部轻轻按摩几次，公鸡就会安静不动。采精员以左（或右）腿膝盖轻轻压住公鸡的背前部，固定好公鸡。左（或右）手大拇指和其余四指自然分开微弯曲，以掌面从公鸡的背腰部向尾部按摩数次，同时用右（或左）手自腹部向泄殖腔部轻轻按摩几次后，公鸡很快出现性反射动作，尾羽向上翘，泄殖腔外翻，可见勃起的交配器。此时，左（或右）手顺势将其尾羽拨向背侧，左（或右）手拇指和食指迅速在泄殖腔上两侧柔软部位，向勃起的交配器轻轻挤压，乳白色的精液就从射精沟中流出，左（或右）手集精杯放在交配器下缘，可收集到精液。连续挤压交配器几次，直至射精沟中无精液流出为止。若两人协同操作采精，一人用左手分别将公鸡两腿轻轻握住，使其自然分开，放在腋下，使公鸡头朝后、尾部朝前，另一人按摩采精，按摩、采精、收集方法同上。

3. 采精注意事项

种公鸡在采精前3~4小时应停止饲喂，防止吃食过饱，采精时排粪，影响精液品质。采精人员相对固定，不同人员采精手势、用力轻重不同，对公鸡的刺激、引起性反射的兴奋程度也不同，采到的精液量也不一样。有的鸡性反射快，一按摩背部立即排精。若人员不固定，这部分公鸡的精液很容易流失。人员固定可以熟悉每只公鸡的性反射情况。采精动作要迅速，采精人员按摩刺激公鸡产生性反射后，交配器外翻时，采精者左手拇指和食指若不及时挤压露出交配器的上两侧，性反射一旦消失，就采不到精液或只采到少量的精液。再进行第二次按摩采精，公鸡会表现出极度不安、挣扎而无法重新建立性反射，也就失去采集精液的机会。采精手势要正确，采精人员挤压露出交配器上两侧时，用力要轻。用力过大，容易造成交配器受伤出血，并污染精液。按摩方法不正确，在泄殖腔上两侧挤压，难以引起公鸡性反应，其精液量也很少，有时会挤出粪便污染精液。每只公鸡使用1只采精杯。采精时，若几只公鸡合用一只集精杯，其中有一只公鸡采精时，排出尿液或粪便，就会污染已采集到杯内的全部精液，使其无法应用，造成浪费。所以，采精时，每只公鸡用一只采精杯收集精液，然后集中到储精杯中待用。采精时，公鸡泄殖腔周围只能用蘸有生理盐水或稀释液的棉球擦洗，千万不能用酒精棉球擦洗，酒精会将精子杀死，使精液失去活力。

4. 公鸡的使用制度

采精太频繁，精子来不及生长发育，致使精液中未成熟的精子增多，受精能力下降；采精间隔时间太长，精子会老化，精液中畸形精子率增大，也会使受精能力下降，使公鸡精液白白浪费。经过试验得出，公鸡以采精3天休息1天为宜。

（二）母鸡的输精技术

1. 输精方法

输精操作一般由2~3人组成，翻肛人员用左手（右）手从鸡笼前部钢丝间隙之间伸入笼内，抓住鸡的尾根部，稍向上提起，将鸡拉到笼门口，左（右）手大拇指和其余四指自然分升，紧贴泄殖腔下面向腿部方向稍加一定压力，使位于泄殖腔左侧的输卵管口外翻，输精人员立即插入吸有精液的输精器2~3厘米深，推动活塞将精液输入输卵管口内。为防止输精器将精液吸回或带出，翻肛人员将压翻肛的手松开，并将母鸡放回，输精结束。

2. 输精操作技术要点

（1）翻肛人员在向腹部方向施加压力时，用力不要过大，防止将输卵管内的蛋压破，引起输卵管炎和腹腔炎。输精人员插入输精器时要轻，防止输精器吸嘴头刺破输卵管壁，造成内出血或输卵管炎。

（2）输精要及时，精液要新鲜，采出的精液要在 30 分钟内用完，边采精、边输精，尽量缩短精液暴露在外界的时间，提高受精率。

（3）输精应在每天 14：00 ~ 15：00 以后进行，太早会影响输精效果。

（4）每次输精量，新鲜原精液应在 0.025 毫升以上。用 1：1 稀释的精液应在 0.04 毫升以上，每次每只鸡应输入有效精子数 600 万左右。首次输精必须倍量或第二天重复输精一次，保证受精效果。

（5）输精间隔，夏季高温期间因公鸡精液品质较差，应 4 ~ 5 天输精一次，其他季节可以 5 ~ 6 天输精一次。

（6）输精部位要正确。输精部位不同，精子到达受精部位的数量与时间有差异。如阴道输精，精子先进入子宫阴道的贮精腺内；子宫或膨大部输精，全部精子到达受精部位，只需 15 分钟，刚输入的精子，可与产蛋后排出的卵及时受精。

（7）防止相互感染，应使用一次性输精器，切实做到一只母鸡换一个输精器吸嘴头。

（三）鸡的人工授精常用器具

1. 集精杯

集精杯有锥形和"U"形刻度两种，作用是收集精液。

2. 吸管

吸管有带刻度和不带刻度两种，并带胶皮头。吸管的作用是吸精和输精。

3. 保温杯

常用保温杯带有橡胶塞，在橡胶塞上面钻 3 ~ 4 个试管孔。使用时，保温杯内放入 30 ~ 35℃ 的温水，将试管插入，目的在于为精液保温。

4. 温度计

温度计用于测量保温杯内的水温。

5. 药棉

药棉做卫生消毒用。

6. 试管刷

试管刷用于洗刷试管。

7. 显微镜

显微镜用于检查精液品质。

8. pH 值试纸

pH 值试纸用于检查精液的酸碱度。

9. 烘干箱

烘干箱用于集精杯、输精管的烘干消毒用。

10. 其他

包括电炉、毛巾、脸盆、试管架等。

（四）肉鸡精液稀释

1. 稀释的作用

鸡的精液量少，精子密度大，每次采到的精液只能给少数母鸡输精，通过稀释可以扩大相应的量给母鸡输精，提高优良公鸡的利用率，有利于操作，减少浪费；另外，稀释精液还可以补充营养物质。保持精液合适的渗透压和缓冲精液 pH 值的变化。

2. 常用稀释液的成分

（1）补充精液能量　蔗糖、果糖、葡萄糖、肌醇、奶、蛋黄等。

（2）缓冲精液中乳酸危害　弱有机酸，如柠檬酸盐和醋酸盐、磷酸氢钠、碳酸氢钠、谷氨酸钠。

（3）保持渗透压和电解质平衡　氯化钠、氯化镁、碳酸钠、柠檬酸盐。

（4）防低温打击　蛋黄、奶。

（5）抗冷冻　甘油、二甲基亚砜、乙烯二醇、丙烯二醇。

（6）抑制精液中的细菌生长　青霉素、链霉素、多黏菌素B、氨苯磺胺及其他广谱抗生素。

（7）扩大精液容量 生理盐水。

3. 精液的稀释

稀释前主要检查精液污染情况、精子活力、密度和精液 pH 值等。凡是污染和透明液过多的精液不宜稀释保存。稀释前，要选择适宜的稀释倍数。稀释过程要等温操作，防止急剧降温，最好在 20 分钟内完成。

二、自然交配

鸡生长快，繁殖力强，一只母鸡一年可繁殖上百只幼雏，当年又可产蛋，在人工饲养条件下，鸡没有严格的配种季节，只要条件适宜，任何时间都可以交配、排卵，从而完成一个完整的繁殖过程。因此，鸡的繁殖潜力巨大。

（一）种蛋的收集

一般在种公鸡放入母鸡群中，1 周以后开始收集种蛋。公鸡一般在下午放入母鸡群中，这时离天黑时间短，可减少公鸡间的啄斗。在大群配种情况下，公鸡放入母鸡群中之后，要经相互啄斗，形成一定群序后才能正常进行配种。此外，公鸡也需要时间与母鸡普遍交配后，种蛋的受精率才会大幅度提高。在一天之中，公鸡交配活动最频繁的时间是当天大部分母鸡产蛋后，即 16：00~18：00。母鸡子宫内有硬壳蛋时通常不接受交配。

（二）公鸡、母鸡比例

鸡群中的公、母比例一定要适当，公鸡过少时，母鸡受到交配的机会少，过度的交配导致公鸡的精液品质下降，使种蛋的受精率降低；公鸡过多时，公鸡之间相互干扰，也会减少交配机会和降低种蛋的受精率。对肉鸡而言，鸡群中公母比例与鸡的体型有关。一般体型小的比体型大的配种能力要强。一般情况下，适宜的公母比例为：轻型鸡 1：（10~15），中型鸡 1：（10~12），重型鸡 1：（8~10）。

（三）使用年限

公鸡、母鸡的年龄对繁殖力有很大影响。在公鸡、母鸡年龄相似的情况下，母鸡产蛋率高，种蛋受精率亦高。母鸡产蛋量随母鸡年龄的增加而递减，第一年产蛋量最高，第二年比第一年下降 15% ~ 25%，第三年则下降 25% ~ 35%。随着母鸡产蛋量的逐渐下降，受精率也会降低，种蛋利用率也降低。一般肉用种鸡种蛋利用期限为 28 ~ 65 周。种鸡遇特殊情况，必须用第二年时，母鸡可强制换羽后利用，种公鸡第二年则应换用青年公鸡。种鸡一般不利用第三年。

配种季节开始时，公鸡放入母鸡群中的第 2 天（放入当天不算在内）便可获得受精蛋，而全群获得高受精率则在第 5 ~ 7 天，所以，应提前 7 ~ 10 天把公鸡放入母鸡群中。

（四）配种方法

肉鸡自然交配方法很多，主要有大群配种、小群配种、轮换配种、辅助配种等。

1. 大群配种

在大群中按公母比例放入公鸡，公鸡、母鸡随意自然交配，交配的对象与机会都比较多，故受精率高。但是由于无法了解每只公鸡的受精情况，因此，可能混入一些繁殖性能低下的公鸡，影响大群的受精水平。为了提高种蛋的受精率，需要事先对放入的公鸡进行精液品质检查。大群配种的规范一般以 300 ~ 500 只母鸡为宜。大群配种的公鸡一般应当是当年的，因为当年公鸡性机能旺盛。老公鸡性功能差，竞争能力低，不适于大群配种。大群配种种鸡饲养可采用网上（棚条）平养，垫料平养，部分网上、部分地面平养 3 种。

2. 小群配种

小群配种方法有两类：一类是 1 只公鸡与若干母鸡组成的"一夫多妻"配种小群，这种方法又称为单间配种；另一类是配种大笼饲养。

（1）单间配种 多应用于专业育种场中，公鸡和母鸡均可配戴肩号或脚号，母鸡在自闭产蛋箱中产蛋。一般肉用鸡每群

8～10只。单间配种的公、母个体之间存在着性选择，某些公鸡的繁殖机能低下。实践证明，单间配种的受精率低于大群配种。

（2）大笼配种饲养 制作宽1米、长2米、前高70厘米、后高60厘米的配种大笼。笼子排成双列或单列，离地饲养。每个笼中放入母鸡20只，公鸡2只。这种方式的优点是节省建筑单间和网（栅条）的费用，又比人工授精省事，经公母交配过程传播的疾病少于大群配种，适用于繁殖场适用。

3. 轮换配种

这种方法是每个配种单间内放入10只母鸡，轮换放入2只公鸡。具体措施是：在一个配种单间内放入10只母鸡，同时放入A号公鸡，于10天后开始留种蛋，到第22天将A公鸡取走，A号公鸡撤走后的第5天以前母鸡所产的种蛋为A号公鸡的。在A号公鸡撤走后的第5天中午放入B号公鸡，其后10天内的蛋为混杂的，不能留作种用。B号公鸡放入后的第11天起留用B号公鸡的种蛋。该配种一般适用于肉鸡育种，能够充分利用配种单间，多获得配种配合和便于对配种的公鸡进行后裔测定和组成家系。

4. 辅助配种

将公鸡饲养在单独鸡笼中，母鸡另外笼中饲养，每天配种时将3～4只母鸡放入公鸡笼中，第二天再轮换。这样每只公鸡可配10只左右母鸡。该办法只适用于育种单位，但由于费工已不采用。

第二节 肉鸡的人工孵化技术

人工孵化是完全利用人为因素为种蛋创造适宜胚胎发育的条件，进行孵化。早在2 000多年前，我国已经用牛马粪发酵热进行人工孵化，而后逐渐发展为炕孵、缸孵、摊床孵等传统孵化方法。19 世纪各种平面的孵化器面世，19 世纪末，大型立体孵化器向着工厂化生产的方向发展。

一、孵化前的准备

制定孵化计划，孵化前应根据设备条件、种蛋供应能力、雏鸡市场等情况，制定出周密的孵化计划，把各批入孵、验蛋、落盘和出雏等工作时间错开，以提高工作效率。准备好孵化前的易损备件及附属用品，以备损坏时更换。在电力不足、供电不正常地区，应准备备用发电机，供停电时应用。做好设备的检修与调试，调试中发现的问题应及时解决，检修完毕后应运行两天，以检验使用情况。做好孵化室及孵化器、新购入的孵化器和老孵化器等周围环境的消毒工作。

二、种蛋的收集与选择

种蛋的品质好坏，对孵化成绩和健雏率有直接影响。种蛋的收集与运输。后面相关章节有专门介绍，这里主要介绍种蛋的选择。

1. 品种要求

来自具有稳定遗传性能父母代种鸡群所产种蛋。

2. 来源要求

来自健康鸡群，鸡群免疫程序合理，营养全面，饲养管理良好，不存在通过种蛋传给雏鸡的疾病。

3. 鲜度要求

入孵的种蛋根据鸡龄调整存蛋时间，一般不要超过 7 天，最好为 3~5 天。

4. 蛋重要求

生产第 1 周逐枚称量蛋重，两周以后眼观选蛋。

5. 蛋形要求

为正常的卵圆形，蛋形过大、过小、过尖、过圆、外形腰凸、有皱纹及双黄蛋等，均不宜做种蛋。

6. 蛋壳清洁度要求

蛋壳表面要清洁，有光泽，无污物和污点。曾被污物污染的蛋壳表面不超过整个蛋壳表面的 1/5。

7. 蛋内品质要求

品质纯正，蛋黄颜色为暗红色或黄色。蛋黄上浮、沉散、蛋内有异物（如血斑、肉斑）或气室过大，含有气泡的都不能做种蛋。

微生物检验指标（蛋壳表面）：总菌数 ≤60 个/枚，不含致病菌。

三、种蛋的贮存

1. 种蛋贮存的温度

胚胎发育的临界温度为 23.9℃，贮存温度低于这个界限胚胎处于休眠状态，超过这个界限胚胎就开始发育。但当环境温度长时间偏低时，虽然胚胎发育处于静止状态，但胚胎活力下降，甚至死亡。实践证明：种蛋短期存放的适宜温度为 18.3℃；存放 1 周内的适宜温度为 15.6 ~ 17.2℃；1 周以上、两周以内适宜温度为 12.2 ~ 15℃；超过两周温度应降为 10.5℃。

2. 种蛋贮存的湿度

为了减少蛋内水分蒸发，贮存室的相对湿度应保持在75% ~ 80%。

3. 种蛋存放时间

种蛋即使贮存在最适宜的环境下，孵化率也会随着存放时间的增加而降低，孵化时间也会延长。

4. 种蛋贮存期间的存放位置和翻蛋

种蛋贮存时应大头向上，但存放时间超过 1 周时，应该为小头向上放置。种蛋存放时间不足 1 周时，可不翻蛋，超过 1 周，每天应翻蛋 1 ~ 2 次，以防止胚胎与壳膜粘连，影响孵化。

四、种蛋孵化

主要有码蛋及入孵、孵化机管理、照蛋、落盘、捡雏等过程，各环节操作规程在第九章第二节有详细阐述。

五、种蛋无公害生产流程图

种蛋无公害生产流程见下图。

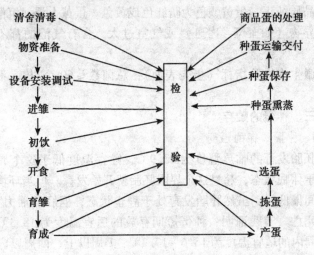

种蛋无公害生产流程图

第四章 肉鸡养殖场及鸡舍建设

第一节 场址的选择与布局规划

鸡场建设要按照养鸡无公害生产环境标准、环境控制和卫生防疫的要求，坚持节约耕地、避免公害和经济实用的原则进行鸡场场址选择、建筑布局、规划设计和建设。

一、厂址选择

场址选择对鸡场的生产经营具有重大影响。场址选定以后，所有的建筑物、生产设备都要随之建设安装，投资巨大，一经确定后很难改变。因此，在选址前必须对拟建地的自然条件和社会条件进行充分的调查研究，然后认真分析作出科学的决断。

1. 场址选择原则

（1）节约耕地的原则 新建鸡场用地应尽量利用不能耕作的荒地、山坡地，不占或少占耕地。

（2）无公害生产原则 所选区域的土壤土质、水源水质、空气、周围环境等应该符合无公害生产标准，不应在公害地区建鸡场。

（3）卫生防疫原则 拟建场地的环境及附近兽医防疫条件的好坏是影响鸡场经营成败的关键因素之一。忽视这个问题，会给鸡场防疫工作带来很大困难。要注意对当地历史疫情做周密详细的调查研究，分析该地是否适合建鸡场。要注意附近的兽医站、畜牧场、集贸市场、屠宰场距拟建场地的距离、方位以及有无自然隔离条件等，特别注意不要在旧鸡场上建新场。

（4）生态和可持续发展原则 鸡场选址和建设时要长远规

划，做到可持续发展，为鸡场规模扩大留有一定的扩建空间。要注意鸡场的生产不能对周围环境造成污染。选择场地时，应该考虑处理粪便，污水和废弃物的条件和能力。鸡场污水要经过处理后再排放，使鸡场不致造成污染而破坏周围的生态环境。

（5）经济性原则　在选址用地和建设上，要考虑资源的稀缺性问题。无论是选址还是进行建筑建设，都要精打细算，履行节约。

2. 选择场地需要考虑的因素

选择场地时，要综合考虑周围的环境条件和自身生产要求之间的关系，做到统一协调。这些环境条件主要有自然条件、社会条件和生态条件等。自然条件包括地形地势、土壤、水源水质、气候因素等；社会条件包括给排水、电力、交通、环境、疫情等。此外，还要考虑鸡场生产自身的要求，主要指卫生防疫等。总之，必须遵循无公害养殖对环境的要求。

（1）地势地形　鸡场的场地应选在地势高燥、排水良好和向阳背风的地方。

（2）水源水质　水源水质关系到生产和生活用水，要给予足够重视。要对拟建地的供水能力、水质情况进行深入了解，确保水源充足、水质洁净，符合人、禽饮水的要求。

（3）地质土壤　对场地施工地段地质状况的了解，主要是收集当地地层的构造情况，如断层、隔落及地下流沙等情况。对于遇到土层结构不利于房舍基础建造的场地，要及早易地勘查，防止造成不必要的资金浪费。

（4）气候因素　要对拟建场地区的全年平均气温、最高和最低气温、降雨量、最大风力、常年主导风向、常处主导风向、日照等气象因素有一个综合了解。气温资料除对房舍热工设计需要使用外，对鸡场日常管理工作的安排、鸡舍朝向、防寒、遮阳设施均有意义。风向、风力对确定鸡舍的方位朝向、鸡舍排列距离、次序有着重要作用。

（5）给排水、电力、交通情况 拟建场区附近如有自来水应尽量接用，也可以打深井作为主要水源或补充水源。在排水方面，要考虑排水方式、纳污能力、污水去向、纳污地点、距居民饮用水源的距离等。鸡场的孵化、育雏、通风、光照及生活用电等都要求有可靠的供电条件，应最好能自备发电机，以防停电。另外，鸡场的饲料、产品及物资均需要大量的运输能力，应对拟建场区的交通运输条件是否方便有清楚的了解。

（6）场外周围环境 鸡场应远离铁路、公路、车辆来往频繁的地区，一般距离主干道 500 米以上、次级公路 200 米以上；离村镇、工厂、学校及人口密集区 1 000 米以上；离其他养殖场 1 000 米以上；离各种化工厂、畜禽产品加工厂等 3 000 米以上。同时，鸡场应远离兽医站、屠宰场、集市。新建鸡场亦不可位于新城疫和高致病性禽流感疫区内。

二、布局规划

1. 布局原则

（1）场区内分区设置 大型肉鸡场的生活区、生产区要设置在全场的上风处和地势最高地段，同时兼顾生活区与外界联系的便利。生产区在防疫卫生最安全地段。病死鸡和污物处理区设在下风处和地势最低的地段。场址四周要有围墙与外界隔离。生产区大门处设消毒池和消毒更衣室，各幢鸡舍内都要有消毒设备。

（2）有利于防疫 生产区与其他区之间设置严格的隔离设施，包括隔离栏、车辆消毒池、人员更衣及消毒房等。生产区内鸡舍东西向排列，鸡舍间距及鸡舍与围墙距离不宜少于 30 米。同时，严防非生产人员及家属、亲友随便进入生产区，以免带进病菌，造成疾病传播。生活区与行政管理区之间要建设不少于30 米宽的绿色隔离带。

（3）生产区内的净道和污道要分开 净道是专门运输饲料

和产品的通道。污道运送粪便、死鸡、病鸡，不能与净道混用。死淘鸡焚烧炉设在生产区污道一侧，储料罐建在净道一侧。

2. 大型肉鸡场各种建筑物具体布局

（1）生产区　根据主导风向，按孵化室、育雏室、育成鸡舍和成年种鸡舍的顺序排列。如主导风向为南风，则把孵化室和育雏舍安排在南侧，成年种鸡舍安排在北侧，有利于雏鸡生长和减少发病。实行全进全出制的应执行从进雏到出售饲养在同一幢鸡舍内，每幢鸡舍应有 30~50 米的距离，以利于通风、采光和防疫。

（2）辅助生产区　饲料加工间、饲料库、蛋库、配电室、车库应接近生产区，并与生产区保持一定距离。积粪坑、焚尸坑、病鸡舍应设在成年鸡舍最下风 100 米远处。

（3）行政管理区　办公室、库房、洗衣房、锅炉房、水塔等要设在行政管理区内。办公室、卫生防疫室应设在与生产区平行的另一侧，并有围墙隔开。

（4）生活区　食堂、宿舍等可设在行政管理区另一侧，也可设在行政管理区内。道路两侧、鸡舍及建筑物四周、休闲地应种植植物或牧草，既可美化环境，又能增加青饲料。

第二节　肉鸡场环境卫生控制

一、饮用水的卫生要求

为了保证畜群健康、维护人类生命安全，不但要供给畜群足够的营养和饮水，而且饮用水一定要符合卫生要求。根据 NY 5027—2001《无公害食品　畜禽饮用水水质》的规定，肉鸡饮用水水质应符合表 4-1 和表 4-2 要求。

表4-1 畜禽饮用水质量

序号	项目	自备井	地面水	自来水
1	大肠杆菌（个/升）	3	3	
2	细菌总数（个/升）	100	200	
3	pH 值	5.5～8.5		
4	总硬度（毫克/升）	600		
5	溶解性总固体（毫克/升）	2 000		
6	铅（毫克/升）	Ⅳ类地下水标准	Ⅳ类地下水标准	饮用水标准
7	铬（六价，毫克/升）	Ⅳ类地下水标准	Ⅳ类地下水标准	饮用水标准

①甘肃、青海、新疆和沿海、岛屿地区可放宽到 3 000 毫克/升。

表4-2 畜禽饮用水水质标准

项目		标准值	
		畜	禽
感官性状及一般化学指标	色（°）≤	色度不超过30°	
	浑浊度（°）≤	不超过20°	
	臭和味 ≤	不得有异臭、异味	
	肉眼可见物 ≤	不得含有	
	总硬度（以 $CaCO_3$ 计），毫克/升 ≤	1 500	
	pH 值 ≤	5.5～9	6.4～8.0
	溶解性总固体，毫克/升 ≤	4 000	2 000
	氯化物（以 Cl^- 计），毫克/升 ≤	1 000	250
	硫酸盐（以 SO_4^{2-} 计），毫克/升 ≤	500	250
细菌学指标	总大肠杆菌群（个/100毫升）≤	成年畜10，幼畜和禽1	
毒理学指标	氟化物（以 F 计），毫克/升 ≤	2.0	2.0
	氰化物，毫克/升 ≤	0.2	0.05
	总砷，毫克/升 ≤	0.2	0.2
	总汞，毫克/升 ≤	0.01	0.001
	铅，毫克/升 ≤	0.1	0.1
	铬（六价），毫克/升 ≤	0.1	0.05
	镉，毫克/升 ≤	0.05	0.01
	硝酸盐（以 N 计），毫克/升 ≤	30	30

当畜禽饮用水中含有农药时，农药含量不能超过表 4 – 3 中的规定。

表 4 – 3　畜禽饮用水中农药限量指标

项目	限值	项目	限值
马拉硫磷	0.25	林丹	0.004
内吸磷	0.03	百菌清	0.01
甲基对硫磷	0.02	甲萘威	0.05
对硫磷	0.003	2, 4-D	0.1
乐果	0.08		

二、肉鸡场舍空气环境质量指标

肉鸡场舍空气环境质量指标应符合 GB/T 18407《农产品安全质量　无公害畜禽肉产地环境要求》的规定，具体指标见表 4 – 4。

表 4 – 4　畜禽场空气环境质量指标

序号	项目	舍区				
		场区	禽舍			
			雏	成	猪舍	牛舍
1	氨气（毫克/立方米）	5	10	15	25	20
2	硫化氢（毫克/立方米）	2	2	10	10	8
3	二氧化碳（毫克/立方米）	750	1 500	1 500	1 500	
4	可吸入颗粒（标准状态，毫克/立方米）	14	1	2		
5	总悬浮颗粒物（标准状态，毫克/立方米）	2	8	3	4	
6	恶臭（稀释倍数）	50	70	70	70	

三、舍区生态环境质量

舍区生态环境质量见表 4 –5。

表4-5　舍区生态环境质量

序号	项目	禽猪			
1	温度（℃）	21~27	10~24	27~32	11~17
2	相对湿度（%）	75	80	80	
3	风速（米/秒）	0.5	0.8	0.4	1.0	1.0
4	照度（勒克斯）	50	30	50	30	50
5	细菌（个/立方米）	25 000	17 000	20 000	
6	噪声（分贝）	60	80	80	75
7	粪便含水率（%）	65~75	70~80	65~75	
8	粪便清理	干法	日清粪	日清粪	

四、污染物排放标准

（一）废水允许排放量

GB 18596—2001《畜禽养殖业污物排放标准》规定，水冲洗工艺规模肉鸡场废水排放标准，肉鸡按存栏数计算，每天最大污水排放量，冬季为每1 000只0.8立方米；夏季为每1 000只1.2立方米；春季、秋季按冬季、夏季折中计算。

干清粪工艺规模肉鸡场最高污水允许排水量，肉鸡按存栏数计算，每天最大排放量，冬季为每1 000只0.5立方米；夏季为每1 000只0.7立方米；春秋季按冬夏季折中计算。

（二）废水允许排放浓度

GB 18596—2001《畜禽养殖业污物排放标准》规定了规模肉鸡场污水允许排放浓度控制指标：

5日生化需氧量：150毫克/升

化学需氧量：400毫克/升

悬浮物：200毫克/升

氨氮：80毫克/升

总磷（以P计）：8.0毫克/升

粪大肠菌群数：10 000个/毫升　蛔虫卵：2.0个/升

（三）粪便及废渣无害化标准

GB 18596—2001《畜禽养殖业污物排放标准》规定，规模化肉鸡场必须设置粪便及废渣的固定储存设施和场所，储存场所要有防止粪液渗漏、溢流措施。肉鸡粪便直接还田，必须进行无害化处理。禁止直接将粪便及废渣倾倒入地表水体或其他环境中。肉鸡粪便还田时，不能超过当地的最大农田负荷量，避免造成水源污染和地下水污染。经无害化处理后的粪便及废渣，应符合如下控制指标：蛔虫卵死亡率≥95%；粪便大肠菌群数≤105个/千克。

（四）恶臭污染物排放标准

GB 18596—2001《畜禽养殖业污物排放标准》规定，规模化肉鸡场恶臭污染物的臭气浓度不高于70。

第三节　鸡舍的建设

一、肉鸡鸡舍的基本构造与类型

（一）肉鸡舍的基本构造

鸡舍的基本构造主要包括基础、墙壁、屋顶、门窗和地面，构成了鸡舍的外围护结构，从而使舍内不同程度地与外界隔绝，形成了舍内独特的环境条件。

1. 基础

基础是鸡舍的地下部分，也即墙没入土层的部分。基础下面的承受荷载的那部分土层就是地基。地基和基础共同保证鸡舍的坚固、防潮、抗震、抗冻和安全。

2. 墙壁

墙壁对鸡舍内的温湿状况起重要作用。墙壁应有一定的厚度和隔热性能，以保证鸡舍冬暖夏凉。墙壁应具备坚固耐久、抗震、耐水、防火、抗冻、结构简单、便于清扫和消毒等基本特点。

3. 屋顶

屋顶要求不透水、不透风、有一定的承重能力外，对传温隔热要求更高。现代规模养鸡中，鸡舍屋顶主要有双坡式、单坡式、平顶式、钟楼式、半钟楼式和塔顶式等。屋顶材料要求导热性能差，外层用吸热率低的材料，内层要用隔热保温材料。为了增强鸡舍屋顶的隔热性能，通常用天棚将鸡舍与屋顶下空间隔开。

4. 门窗

门的位置、数量、大小应根据鸡群的特点、饲养方式、饲养设备的使用等因素而定。门设置位置应以方便为原则，一般设在鸡舍的南面，单扇门高 2 米、宽 1 米，双扇门高 2 米、宽 1.6 米。作为采光的窗户，在设计时应考虑到采光系数。采光系数是窗户的有效采光面积与舍内面积之比，成年鸡舍为 1：（10～12），雏鸡舍则应为 1：（7～9）。窗的形式有外开平开式、中悬式和下悬式。现在已有无窗户的封闭式鸡舍。目前，我国比较流行的简易开放式鸡舍，在鸡舍的南北墙上设有大型多功能玻璃钢通风窗，形成一面可以开关的半透明墙体。

5. 地面

要求鸡舍内标高应高于地面 0.3 米以上，舍内地面应向排水沟方向做 2%～3% 的坡。另外，鸡舍地面还要具有良好的承载能力，便于清扫消毒，防水防潮。

（二）肉鸡舍的类型

按鸡舍建筑的类型不同可分为密闭式鸡舍、半开放式鸡舍和开放式鸡舍。

1. 密闭式鸡舍

又称无窗鸡舍（图 4 - 1）。鸡舍四周不开窗口，杜绝自然光源。舍内环境完全采用自动控制、人工光照和机械通风，并设有夏季使用的降温设备和冬季使用的供暖设备。这种鸡舍的优点是：由于减少了外界自然气候因素的影响，以及有效地控制病原微生物的传播，因而不仅使生产不受季节的限制，而且能够使鸡群保持较好的健康状态和生产性能水平。但是，密闭式鸡舍的建筑和设计费用高，要求较高的建筑标准和性能良好的附属设备。同时，对电力的依赖性大，一旦遇到停电会造成不良后果。受条件限制，目前，这种鸡舍在我国使用较少。

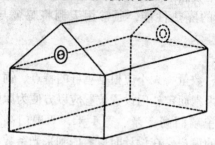

图 4 - 1　密闭式鸡舍示意图

2. 半开放式鸡舍

见图 4 - 2。这种鸡舍都设有窗户，或侧壁上半部全敞开，安装半透明双覆膜塑料编织布做的卷帘或玻璃，属于为利用自然环境因素的节能型鸡舍建筑。舍内通风换气、光照主要依靠自然通风和自然光照。同时，也设有补充的通风设备和人工光照设备，以备自然通风和自然光照不足时使用。

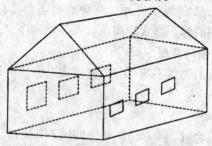

图 4 - 2　半开放式鸡舍示意图

优点：设计、建材、施工和内部设置较为简单，造价低，建筑投资少；鸡群能接触到自然阳光和环境，体质较强健，对环境适应能力强；大大节约用电，降低生产成本。

缺点：外界环境突变使鸡处于应激状态，生产性能下降甚至发病；鸡易受病原微生物的侵袭，疫病发生机会较多；人工操作较多，劳动强度大；适合季节性生产，不适合反季节生产。

3. 开放式鸡舍

见图4-3。这类鸡舍一般只有东西山墙，南北只建60~80厘米高的矮墙，上端至檐口敞开，只用铁丝网隔离，以防鸟类或野兽的侵入。冬季时，用编织布挡住敞开的墙体，以保持舍内的温度。主要靠太阳能的辐射和鸡群热的散发维持舍内温度，以自然光照、自然通风为主，适当人工补光和组织机械通风。这种鸡舍的优点是建造成本低，采光通风效果好；缺点是生产受外界气候因素影响大，鸡群易受病原微生物侵袭，疫病发生机会较高。

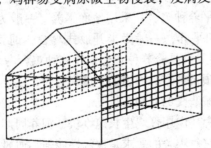

图4-3 开放式鸡舍示意图

按鸡舍用途可将鸡舍划分为育雏舍、育成舍、种鸡舍、商品肉鸡舍。

育雏舍：育雏舍是养育从出壳到6周龄雏鸡专用房舍。舍内应有人工给温设施，总的要求是有利于保温防寒、地面干燥、通风向阳、便于操作管理、房舍严密、防止鼠虫害等。因此，育雏舍要低，墙壁要厚，地面干燥，屋顶装设天花板，房顶应铺保温材料，门窗要严。保温的同时要求通风良好，要两者兼得，通风的速度要适宜，要保持新鲜空气。目前，一般育雏舍坐北朝南，高 2.3～2.5 米，跨度为 6～9 米，南北均设窗户，南窗面积比北窗大，南窗台高 1.5 米、宽 1.6 米左右，北窗台高 1.5 米、宽 1 米左右，水泥地面。

育成舍：育成舍是养育 7～20 周龄鸡专用的鸡舍，建筑要求是有足够的活动面积，以保证正常的生长发育，通风良好，坚固耐用，便于操作管理。目前育成舍的形式有半开放式和密闭式，饲养方式有笼养和平养两种。半开放式鸡舍一般房屋高 3～3.5 米、宽 6～9 米、长 60 米以内，密闭式育成舍宽 9～12 米、长 50～100 米，山墙装有排风扇，采用双向通风。

种鸡舍：种鸡舍要求环境因素能满足种鸡的需要，从而发挥种鸡的生产性能，其建筑结构和材料应根据本地气候条件及选育配种方式进行选用。按饲养方式可分为平养种鸡舍和笼养种鸡舍两种。一种是平养种鸡舍：采用地面平养，一般为开放式鸡舍。"两高一低"的平养，一般为半开放式鸡舍，饲养密度为 3～4 只/平方米。另一种是笼养种鸡舍：笼养种鸡舍考虑鸡笼的大小和排列方式，预留料道和粪道的宽度和位置，还要考虑清粪方式是否需要留机械清粪的粪沟。

商品肉鸡舍：肉用仔鸡生长速度快，饲养周期短，一般 6 周龄就可出售。它对鸡舍的要求是保温性能强，通风换气好，光照不宜太长、太强，地面易冲洗消毒。

二、肉鸡鸡舍的相关设计

1. 鸡舍的防寒与采暖设计

鸡舍的防寒设计因各地气候条件和饲养鸡群类别的不同而存在一定差别。雏鸡的防寒温度界限为 30℃，成鸡为 12℃。防寒措施可从以下几个方面加以解决：鸡舍建筑材料全部采用保温隔热材料；鸡舍取南向，采用大跨度；合理配置热源。

2. 鸡舍的防热与降温设计

鸡舍的防热与降温设计与防寒设计同样重要，成鸡在 28℃

以上、雏鸡在 36℃ 以上时要注意防暑降温。**防热的主要措施有：**鸡舍各部位均选用隔热材料，并采用隔热设计（屋顶和墙壁外面取浅色或白色等反光色，设天棚顶室，空心墙壁等）；组织好鸡舍通风；采用湿帘降温。

3. 鸡舍的通风设计

在自然通风鸡舍，春夏秋季靠开窗和打开卷帘来满足通风换气要求，其通风设计的重点应放在冬季密闭时满足换气的需要。较为简易的做法是：在槽下设一排可以控制开关大小的通气口，根据热空气上升，冷空气填充的原理而达到换气目的。换气量根据人进入鸡舍的直观感觉（不刺眼、不刺鼻、无异味、不闷气）来决定，并通过调整通气口大小来调节。机械通风时，应详细计算换气量，确定通风方式，绘制换气图，并设计一定范围的可变气流速度。

4. 鸡舍的采光设计

鸡舍采光分自然光照和人工光照两种。

采用自然光照的鸡舍对采光的基本要求是鸡舍向阳，鸡舍附近没有遮挡光线的树木或建筑物，采光系数（窗户等有效采光面积与地面面积的比）1：（7~9）。入射角一般不小于 25°，正常情况下舍内应保持明亮，但夏季不应有直射阳光进入鸡舍。

鸡舍人工光照的基本要求是：电路设施安全，电力供应和电压稳定；舍内有 40~60 瓦白炽灯，按 3~4 米间距吊装在距鸡体所在部位 1.2~1.7 米、距地面 1.5~2.0 米高的位置；灯泡均匀地交叉为 2~3 组，分别连接在不同的线路上，以便开闭电灯时分次操作，起到逐渐变暗效果，也可供调整鸡舍光照强度之用。

所用电器均应防水、耐腐蚀，线路应尽可能装设在天棚或墙壁内，少设明线，禁设裸线，配电盘要装保护盒或设安全（控制）柜。

5. 鸡舍的用水与排水设计

鸡舍应有充足的用水保证和必要的排水设施。最好使用自来水，也可建造贮水池供应鸡舍用水。

鸡舍净门（入口）的内外侧、污门的外侧、较长鸡舍的中间侧壁旁均应设水龙头，水龙头下还应设水池和下水口，以便于冲洗、消毒。

使用自动饮水器和长流水水槽的，应将水龙头接至便于使用的部位。水管尽量铺设在地下或墙壁中、天棚内。

开放式鸡舍的地面可直接与台基相连。形成内高外低的微坡地面，利于水的流出。有窗鸡舍设地窗的，也可将地窗底沿与舍内地面设计在同一个平面上，兼作排水之用。

不能直接排水的鸡舍，可在侧壁内侧与舍内地面连接处设排水沟，舍内排水沟内每隔 3～5 米设一个弯向下方的排水口，与舍外排水沟相连，并在内侧口上设铁盖防护。

有粪槽的鸡舍，可利用粪槽进行冲洗消毒时的排水渠道，但平时从水槽内流出的多余的水应设计专门的排水管直接排出舍外，不应流到粪槽内。

鸡舍外与屋檐垂直的地面部位设排水沟，承接屋顶雨水，舍内排出的多余的水以及冲洗鸡舍的水。舍外排水沟应防渗防漏，外沿高出场区地面。从净门外到污门端逐渐变深，经总排水沟流向污水处理场。可冲洗的鸡舍最好配备高压冲洗装置。

第四节　肉鸡鸡舍与孵化场地必须设备

一、料槽

料槽是喂鸡时盛饲料的设备。合格的料槽应该表面光滑平整，采食方便，不浪费饲料，便于拆卸清洗和消毒。鸡不能进槽，不能把饲料刨到料槽外边。制作料槽的材料有塑料、木板、竹筒、镀锌板等。常见的有条形料槽和吊桶式圆形料桶、支架式圆形料桶等。

1. 开食盘

专供雏鸡用的开食盘有方形、圆形、长形等形状。市场出售的多数是塑料制品。圆形开食盘直径 70～100 厘米不等，边缘高 3～5 厘米。每个开食盘可供 5～7 日内的雏鸡 100 只左右使用。因为只能使用 5～7 天，时间较短，有的养鸡户不用开食盘，用塑料膜、牛皮纸等代替。喂食时铺开，喂后收起，刷洗后再用。圆形开食盘见图 4－4。

图 4－4　圆形开食盘

2. 条形料槽

条形料槽的槽口两侧边缘向内弯入 1～2 厘米，或在边缘口嵌 1.5～2 厘米厚的木板，以防鸡将饲料勾出。中央装一个能自动滚动的圆木棒或铁丝，防止鸡站在槽内排粪而污染饲料。不少养鸡专业户采用直径为 8～14 厘米的毛竹，制成口面宽为 6～11 厘米的大小不等的料槽，下方加固定架，适用于大鸡、中鸡和雏鸡饲用。

条形料槽大小和高度应根据鸡的大小而定。肉用鸡应占有的槽位：1～2 周龄为 4～5 厘米，2～4 周龄为 6～7 厘米，6～8 周龄为 8～10 厘米。食槽高度以料槽边缘高度与鸡背高相同或高出鸡背 2～4 厘米为度。

3. 吊桶式圆形料桶

由一个锥状无底圆桶和一个直径比圆桶大 6～8 厘米的浅底盘组成。浅底盘边缘口面的高度一般为 3～5 厘米。圆桶与底盘之间用短链相连，可调节桶与盘之间的间距。底盘正中央突出一锥形体，底面直径比圆桶底口小 3～4 厘米，以便饲料自上而下向浅盘四周滑散。这种桶加一次饲料可供鸡采食半天到 1 天。悬挂高度以底盘口面线高于鸡背线 1～3 厘米为宜。目前，市场上有用塑料制成的大、中、小不同类型料桶，适宜于各种不同类型的鸡使用，最适宜于肉用鸡采食干粉料或颗粒饲料。

4. 支架式圆形料桶

由塑料圆桶、底盘、支架和铁螺丝组成。与吊桶式圆形料桶的差别是桶与底盘之间不是用短链相连，而是用支架固定。作用与吊桶式圆形料桶相同。

支架式圆形料桶见图 4-5。

图 4-5　支架式圆形料桶

二、饮水设备

鸡的饮水设备多种多样，专业户养鸡常用的饮水设备主要有长条形简易饮水槽和圆球形真空饮水器、自动饮水器等多种。

1. 长条形简易饮水槽

可用毛竹、木板、镀锌铁皮、水泥、陶瓷等多种材料制成。水槽断面一般呈 "V" 形、"U" 形等。水槽大小随鸡的体重和年龄大小而异。肉用雏鸡在育雏期应小一点，在肥育阶段应大一点，一般槽高 5～7 厘米，槽宽 6～7 厘米，农村专业户养鸡可用毛竹、大型塑料管纵向锯开制成，也可用面盆、料盘和瓦钵等代替。上面架设由细竹竿围成锥形竹圈，肉鸡只能从竹圈间隙中伸头饮水，身体却不能进入壁面。这种饮水器只能适用于肥育期的大鸡、中鸡，而不适用于育雏期肉鸡。

2. 圆球形真空饮水器

由上部呈圆形或尖顶的圆桶与下部的圆形底盘组成。圆桶顶和侧面均不漏气，基部距底盘高 2.5 厘米处开 1~2 个小圆孔。当圆桶盛满水后，底盘内水位低于小圆孔时，空气由小圆孔进入桶内，水自动从桶内流入底盘；盘内水位高出小圆孔时，空气不能进入圆桶，水也就不能从桶流进底盘。目前，市场上出售的有大、中、小多种类型塑料饮水器，非常适用于不同体重和年龄的肉用鸡饮水用，且便于清洗和消毒，不必自做。

圆球形真空饮水器见图 4 - 6。

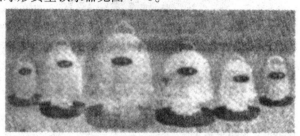

图 4 - 6　圆球形真空饮水器

3. 自动饮水器

自动饮水器由底盘、总承、细水管和配重组成，是专业户养鸡必须使用的设备。几十个自动饮水器可以通过水管与一个供水设备连接。大的供水设备可装几百千克，上一次水可供鸡饮用几个小时。自动饮水器的使用，减轻了养鸡户的劳动强度，提高了劳动效率。

自动饮水器见图 4 - 7；自动饮水器与支架式圆形料桶在鸡舍内应用情况照片见图 4 - 8。

4. 乳头式饮水器

乳头式饮水器可用于平养和笼养，是笼养鸡场最常用的一种饮水器。它的特点是较适应鸡寻找水源饮水的习惯。由于乳头式饮水器是全密闭式饮水线，可以确保供水新鲜，清洁卫生。这种

图4-7　自动饮水器

图4-8　自动饮水器与支架式圆形料桶在鸡舍内应用情况

饮水器能杜绝外界污染，防止疫病的传播，可极大减少疾病的发生率，可免除清洗工作。用水量是水槽用水的1/10～1/8，节约用水。但要求制造精度较高，否则易产生漏水现象。

乳头式饮水器有雏鸡用和成鸡用两种。雏鸡用的阀芯端直径2毫米，伸出阀体长2.5毫米，供水压力14.7～24.5千帕；成鸡用的直径 2.5 毫米，伸出长 3 毫米，供水压力 24.5 ~ 34.3 千帕。每只乳头式饮水器可供 7 ~ 10 只鸡使用。

三、供热设备

肉鸡在育雏期必须给舍内加温。常用的加温设备有育雏伞、烟道式育雏设备等。

专业户最常使用的是烟道式育雏设备。烟道式育雏设备分地上式和地下式两种。地上式如北方的火炉、火墙等；地下式是把烟道搭在地面下形成地炕。

烟道式育雏设备，不管何种形式，都是由火灶、烟道和烟囱三部分构成。火灶是生火的地方，其大小可根据育雏室面积大小而定。烟道建筑：地上式可以用火墙代替；地下式可以用砖或石头砌成，也有用水泥管或金属管铺设而成。烟道一头连接火灶，另一头连烟囱。烟道安装时应有一定的斜度，近火灶端比接烟囱处低 10 ~ 15 厘米。也可在育雏室内地面砌出迂回弯曲的烟道，烟囱高度为烟道长度的 1/2，但要高出房顶。烟囱也不宜过高，过高易引起吸火过猛，浪费能源；过低对吸火不利，育雏室内温度难以上升到正常温度。砌好后的烟道应检查是否畅通，传热性能是否良好，要注意烟道不能漏烟。

四、照明用品

常用的是白炽灯、日光灯。现在很多养鸡户已经选用高效电子节能灯，这种灯虽然一次性投资高一点，但寿命长、耗电低、亮度高。

五、通风设备

用窗户自然通风时，要安装好铁丝网，防止耗子等野生动物进入。机械通风主要用风机，要根据鸡舍的大小，选择不同型号的风机。鸡舍不宜用吊扇，多数用排风扇。

六、饲料加工设备

1. 粉碎机

最基本的饲料加工设备是粉碎机，用于粉碎玉米等。目前，很多养鸡户已经安装了粉碎机，使用起来非常方便。

粉碎机按其结构可分为锤片式、爪（齿爪）式和辊（对辊）式3种。

爪式粉碎机的应用逐渐向多功能方向发展，除了用来粉碎谷物外，还用来粉碎秸秆、谷壳、藤蔓、中药材、矿物、化工原料等。配上气流分级粒度装置，可用作矿物盐的微粉粉碎机。

辊式粉碎机，在饲料生产中用于谷物饲料的粉碎、油饼的粉碎以及颗粒饲料破碎成小碎粒等。

锤片式粉碎机，由于通用性好、适应性广、效率较高，具有粉碎和筛分两种功能（又称粉碎筛分机），所以它在饲料行业中应用最为普遍。就锤片式粉碎机而言，按其某些部件不同、形状不同又可分为环形粉碎机、水滴形粉碎机、无筛粉碎机（靠吸风出料）；按饲料喂入方向不同又可分为切向喂入粉碎机、轴向喂入粉碎机和径向喂入粉碎机3种。

粉碎机工作时，物料在一定的供料装置作用下连续进入粉碎室，受到高速回转锤片的打击而破裂，并以高速飞向齿板，与齿板撞击，进一步被破碎。在此同时，物料还受到锤片端部及筛面的摩擦的综合作用，物料被粉碎成小碎粒，由筛片的筛孔漏出。

2. 配料秤

配料秤的性能好坏，直接影响配料质量的优劣。配料秤的关键是计量的正确性。电子秤通过微机显示屏显示数据或通过指示器所指的刻度值显示重量。所称重量必须与真值接近。一般对大量称重用磅秤，对微量称重用天平或电子盘秤。许多饲料厂将原配料秤逐步改为微机控制的电子秤。电子秤具有秤重精度高、速度快、效率高等诸多优点。

3. 混合机

混合是将各种饲料成分互相掺合，使各种成分均匀分布的一道关键工序。它是确保配合饲料质量和提高饲养效果的重要环节。同时，在饲料企业中混合机的生产率决定它的规模。因此，混合机是饲料工业的关键设备之一。

饲料中的各种成分如果混合不均匀，将显著影响动物生长发育，轻者降低饲养效果，重者造成动物中毒死亡。

4. 饲料加工机组

饲养3万只鸡以上的专业户或小型养殖场有必要安装饲料加工机组。每小时产半吨的饲料加工机组由粉碎机、中间料箱、卧式螺带混合机和布袋除尘器等组成。

该机组的工艺流程是将一批称好的粒料倒入地坑，由双套筒吸嘴自动吸入粉碎机（轴向进料）粉碎；而饼（粕）料等则可从粉碎机侧面的喂入斗以下旋方式喂入粉碎机粉碎。已粉碎的物料经粉碎机的叶片正压风送到中间料箱贮存。当一批物料全部进入中间料箱后，拉动箱下的缺陷料板，将料送入混合机内。在混合机进行混合的同时，粉碎机又对下批物料进行粉碎，如此循环工作。

该机组的优点：工艺流程合理，能连续作业，效率高；粉碎机能粉碎多种物料。混合机混合均匀度高，能保证配合饲料的质量。

缺点：每批只能配料100千克，配料批次较频繁。

第五节　孵化场的建设

一、场地的选择

孵化场应是独立的小区，有其独立的出入口，距离交通主干道1 000米以上，离居民点1 000米以上，并远离粉尘较大的工矿厂区。孵化室应设在鸡场的下风向，距养鸡场1 000米以上。

二、规模的确定

在建孵化场前，应认真做好种蛋来源及数量和雏鸡需求量等方面的调查，根据服务对象、服务范围、孵化器蛋容量、每周入出雏的批次和数量来确定孵化场的规模，并在此基础上确定孵化、出雏室及配套房舍的面积。同时，根据孵化器类型、尺寸、台数和足够的操作面积来定孵化室与出雏室的面积，配套用房的面积见表4-6。

表4-6　孵化场配套用房面积（平方米，短周期出雏2次）

计算方法	收蛋室	储蛋室	雏鸡存放室	洗涤室	储藏室
孵化出雏器容量 （每天收种蛋）	0.19	0.03	0.37	0.07	0.07
多次入孵360枚种蛋	0.40	0.06	0.80	0.16	0.14
多次出1 000只混合雏	1.39	0.27	2.79	0.55	0.49

三、工艺流程与布局

孵化场的工艺流程必须做到人员、种蛋、设备的单向流动，严格遵循种蛋消毒→种蛋储存→种蛋处理→孵化→落盘→出雏→雏鸡处置→雏鸡存放→发雏的单向流程、不得逆转的原则，孵化室与出雏室之间应设缓冲间。孵化场必须设有淋浴更衣室，所有进入场区的人员均需淋浴并换上清洁的工作服，离开孵化场时必须原路返回，换回原来的衣服。淋浴室应精心构筑，使进入孵化场的人员一定通过淋浴喷头的水才能进入。必须有两处可供更衣，一处供存放随身衣服之用，另一处为洁净工作服存放处。淋浴处应有暖气设备，最好每位员工都有自己的衣帽柜。

四、土建及环境要求

1. 土建要求

孵化场的墙壁、地面和天花板应选用防火、防潮和便于清洗消毒的材料。为加强孵化室的保温效果，最好设隔热层或填充隔热材料。孵化室、出雏室最好为无柱结构，所有门高为2.4米左右，宽1.2~1.5米，地面到天花板高3.4~3.8米，屋顶应铺设保温层，地面必须用混凝土浇注，最好加钢筋以防开裂，混凝土表面还需覆以光滑材料，并要求平整。地面排水沟要多，地面到排水沟的坡度应低于1%，排水沟要用铁算子盖好，防止老鼠进入。下水管道要比大多数工业建筑的口径大，而且坡度稍大些。

2. 孵化场内环境要求

通风换气系统不仅要考虑通风换气，还得考虑调节舍内温度和不同房屋内的空气压力（表4-7）。储蛋室和孵化室保持正压，出雏室、清洗间保持负压。出雏室排出的废气，应通过水浴空气净化系统后再行排出。天花板离孵化器顶部要有1.2~1.5米的距离。

表4-7 孵化场内各室温度、湿度及空气压力

室别	温度（℃）	相对湿度（%）	压力状态
种蛋存放室	18.3	75	等压
孵化室	23.9	50	正压
出雏室	23.9	50	负压
雏鸡存放室	23.9	65	负压
冲洗间	15.6~21.1	60~75	负压
走道	15.6	65~70	负压
清洁室	21.1	50~60	正压

第五章 肉鸡的营养需求与饲粮

第一节 肉鸡的营养需求

一、各种营养成分的作用

1. 能量

能量是饲料中的基本营养指标，在肉鸡的配合饲料中所占的比例最大。所以，在配合日粮时，首先要确定能满足要求的能量水平，这将便于整个饲料配方的调整。

一般的肉用仔鸡饲料，能量水平是前期低、后期高，若配料时不注意，将其颠倒过来，就不符合肉用仔鸡的生长发育规律，会导致前期采食量减少，蛋白质数量不足，生长速度缓慢；而后期却因能量不足，必须分解蛋白质以补充能量而浪费蛋白质饲料。这两种结果都将导致肉用仔鸡的生长速度减缓，饲料消耗增加，经济效益必然下降。

近年来，有人试用低能量饲料喂养肉用仔鸡，但此种饲料还是按每兆焦代谢能携带一定比例的各种营养物质，也就是说其蛋白能量比基本保持不变。由于鸡有自行调节其采食能量的本能，如在雏鸡阶段饲喂低能量饲料，就可以从小锻炼其多采食的习惯，扩充其嗉囊，在以后的饲养中几乎可以采食到标准规定的能量水平。而其他各种营养物质由于与能量保持一定的比例，所以也基本满足了肉鸡的需要。因此，采用低能量饲料饲养肉用仔鸡也能取得比较满意的效果。这对于蛋白质饲料资源缺乏或价格昂贵的地区是可以一试的。

2. 蛋白质

蛋白质是维持生命、修补组织、生长发育的基本物质，它在饲料中的含量是非常重要的。饲料中的蛋白质进入鸡体后，经消化分解成许多氨基酸，如果其中蛋氨酸、赖氨酸和色氨酸供应不足就会限制日粮中蛋白质的有效利用率，因此，在考虑氨基酸的需要量时，首先要保证这3种氨基酸的足量供应。

一般谷类饲料中缺少赖氨酸，而豆类饲料则缺少蛋氨酸。因此，它们在鸡体内一般仅有20%～30%能被转为体蛋白，其余的就转为热能而散发，这就是在缺少动物性蛋白质饲料时，植物性蛋白质利用率低的缘故。

所以，一个配方或配合饲料中蛋白质利用率的高低，取决于其中必需氨基酸的种类、含量和比例关系。

3. 脂肪

饲料中的脂肪，在鸡体的消化道中需经消化分解成甘油和脂肪酸后才能被吸收利用。它是鸡体内最经济的能量贮备形式，需要时可转化成热能。

一般饲料中的脂肪含量都能满足鸡的需要。可是在肉用仔鸡的生长过程中，如要提供高能量的饲料，则往往要添加脂肪才能达到，而且脂肪在饲养上的特殊效果也正日益为人们所注意。从表5-1中可明显看到，添加油脂大大提高了肉用仔鸡的生长速度以及能量与蛋白质的利用率。

表5-1　在不同蛋白质水平日粮中添加与
不添加油脂对肉用仔鸡生长的影响

红花籽油的添加率	含15%蛋白质日粮		含25%蛋白质日粮	
	3周龄体重（克）	饲料消耗比	3周龄体重（克）	饲料消耗比
不添加油的基础饲料组	210±6	2.11	287±8	1.69
加1%	232±9	2.00	302±6	1.66
加2%	248±9	1.96	321±8	1.62
加4%	258±9	2.01	323±10	1.60
加8%	264±9	1.94	319±8	1.55

4. 维生素

维生素是鸡体新陈代谢所必需的物质，有的还是代谢过程中的活化剂和加速剂，它控制和调节物质代谢，其需要量极微。但是，一旦缺乏或长期供应不足就会敏感地反映出来，表现出食欲减退，对疾病抵抗力降低，雏鸡生长不良，死亡率增高，种鸡产蛋率减少，受精率下降，孵化率降低等不良现象。

关于维生素的需要量，实践证明，无论是美国的 NRC 标准或是我国的饲养标准都太低，特别是鸡在应激状态下与生产的要求差距更大。以美国 AA 鸡为例，20 年间商品肉鸡养到 6 周龄的公母鸡平均体重从 1 570 克增至 2 355 克，增长 50%；同期饲料转化率从 1.8 降到 1.73，相应的维生素需求量亦随之发生较大的变化（表 5 -2）。

表 5 -2　不同年代 AA 肉鸡生产性能及生长中期维生素需要量

项目	1980 年	2000 年
6 周龄体重（克）	1 570	2 355
饲料转化率	1.800	1.730
维生素 A（国际单位/千克）	6 600	9 000
维生素 D_3（国际单位/千克）	2 200	3 300
维生素 E（国际单位/千克）	8.800	30.000
维生素 K_3（毫克/千克）	2.200	2.200
维生素 B_1（毫克/千克）	1.100	2.200
维生素 B_2（毫克/千克）	4.400	8.000
泛酸（毫克/千克）	11.000	12.000
烟酸（毫克/千克）	33.000	66.000
维生素 B_6（毫克/千克）	1.100	4.400
生物素（毫克/千克）	0.110	0.200
叶酸（毫克/千克）	0.660	1.000
胆碱（毫克/千克）	500	550
维生素 B_{12}（毫克/千克）	0.011	0.022

有关国家肉鸡饲料配方中维生素含量见表5－3、表5－4。

表5－3　部分国家配合饲料中维生素用量（上）

维生素	美国 NRC（1977 年）	泰国 CP 集团（1982 年）	瑞士 ROCH 公司	
			0～4 周	5 周以上
维生素 A（国际单位/千克）	1 500	9 000	15 000	10 000
维生素 D$_3$（国际单位/千克）	200	2 400	1 500	1 000
维生素 E（国际单位/千克）	10	7.2	30	25
维生素 K（毫克/千克）	0.5	5.4	3	2
硫胺素（毫克/千克）	1.8	—	3	3
核黄素（毫克/千克）	3.6	7.8	8	6
泛酸（毫克/千克）	10	—	20	12
泛酸钙（毫克/千克）	—	14.4	—	—
烟酸（毫克/千克）	27	42	50	40
吡哆醇（毫克/千克）	3	0.16	7	5
生物素（毫克/千克）	0.15	—	0.15	0.1
胆碱（毫克/千克）	1 300	—	1 500	1 300
氯化胆碱（毫克/千克）	—	1 500	1 500	—
叶酸（毫克/千克）	0.55	0.24	1.5	0.7
维生素 B$_{12}$（毫克/千克）	0.009	0.016	0.03	0.02
维生素 C（毫克/千克）	—	—	60	60

表5－4　部分国家配合饲料中维生素用量（下）

维生素	前苏联综合资料		德国 BASF（1982 年）	日本
	最低	适应量		
维生素 A（国际单位/千克）	2 700～3 600	5 000	10 000	11 000
维生素 D$_3$（国际单位/千克）	450～600	1 000	2 000	1 100
维生素 E（国际单位/千克）	4.6	7～16	30	11
维生素 K（毫克/千克）	1.5～1	5	2	2.2
硫胺素（毫克/千克）	0.8	2～2.5	3	2.2

（续表）

维生素	前苏联综合资料		德国 BASF（1982 年）	日本
	最低	适应量		
核黄素（毫克/千克）	2 ~ 4	5 ~ 6	6	4.4
泛酸（毫克/千克）	1.5 ~ 6.5	10 ~ 16	8	14.3
泛酸钙（毫克/千克）	—			
烟酸（毫克/千克）	9	20 ~ 30	30	33
吡哆醇（毫克/千克）	2.8	3 ~ 3.5	3	4.4
生物素（毫克/千克）	0.1	0.22 ~ 0.39	50	
胆碱（毫克/千克）	450 ~ 1 100	—	—	1 320
氯化胆碱（毫克/千克）	—		500	
叶酸（毫克/千克）	0.24 ~ 5	0.5 ~ 1	0.5	1.32
维生素 B_{12}（毫克/千克）	0.02 ~ 0.028	0.012 ~ 0.015	20	0.011
维生素 C（毫克/千克）		50 ~ 100	30	

5. 无机盐

无机盐又称矿物质。无机盐是鸡体组织和细胞特别是形成骨骼最重要的成分，某些微量元素还是维生素、酶、激素的组成成分，在鸡体内起调节血液渗透压、维持酸碱平衡的作用，对维持鸡的生命和健康是不可缺少的。

二、肉鸡的各种营养需求量

肉鸡对各种营养物质的需求量以及这些营养需求量之间的比例关系，具体体现在所制定的肉鸡饲养标准中。合理的饲料配方是根据饲养标准所提供的指标而设计的。不管饲料的原料有多少，搭配的比例又怎样，最终都应该符合饲养标准中的规定，即肉鸡对各种营养的需求量。

饲养标准是设计饲料配方的重要依据。但是，无论哪种饲养标准都只是反映了肉鸡对各种营养物质需求的近似值，加上随着科学的进展，肉鸡的生产实践和发展，饲养标准也不是一成不变的。

第二节　肉鸡饲料配制

一、肉鸡常用的饲料资源及其营养价值

(一) 能量型饲料资源

在使用能量饲料时，必须按照营养和其他因素予以考虑。例如，大麦虽然比玉米便宜，可是它适口性差，而且用量过多时，会增加鸡的饮水量，造成鸡舍内过多的水汽。小麦副产品的体积较大，当需要较高营养浓度时，就不能多用，否则采食量和生产性能会受到影响。因此，在能量饲料中首推玉米，它可占饲料量的60%左右。

1. 玉米

含淀粉最丰富，是谷类饲料中能量较高的饲料之一。可以产生大量热能和积蓄脂肪，适口性好，是肉用仔鸡后期肥育的好饲料。黄玉米比白玉米含有更多的胡萝卜素、叶黄素，能促进鸡的蛋黄、喙、脚和皮肤的黄色素沉积。玉米中蛋白质少，赖氨酸和色氨酸也不足，钙、磷也偏低。玉米粉可作为维生素、无机盐预先混合中的扩散剂。玉米最好磨碎到中等粒度。颗粒太粗，微量成分不能均匀分布；颗粒太细，会引起粉尘和硬结，而且会影响鸡的采食量。

2. 小麦

是较好的能量饲料。但在饲料中含有大量磨细的小麦时，容易粘喙和引起喙坏死现象。因此，小麦要磨得粗一些，而且在饲料中只能占15%～20%。

3. 高粱

含淀粉丰富，脂肪含量少。因含有鞣质（单宁），味发涩，适口性差。喂高粱会造成便秘以及鸡的皮肤和爪的颜色变浅。故配合量宜在10%～20%。

4. 大麦

适口性比小麦差，且粗纤维含量高，用于幼雏时应去除壳衣。用量在 10% ~15%。

5. 碎米

碾米厂筛出的碎米，淀粉含量很高，易于消化，可占饲料的 30% ~40%。

6. 米糠

是稻谷加工的副产品。新鲜的米糠脂肪含量高，多在 16% ~20%，粗蛋白质含量为 10% ~12%。雏鸡喂量在 8%，成鸡喂量在 12% 以下为好。由于米糠含脂肪多，不利于保存，贮存时间长了，脂肪会酸败而降低饲用价值。所以，应该鲜喂、快喂，不宜作配合饲料的原料。

7. 麸皮

含能量低，体积大而粗纤维多，但其氨基酸成分比其他谷类平衡，B 族维生素和锰、磷含量多。麸皮有轻泻作用，用量不宜超过 8%。

8. 谷子

营养价值高，适口性好，含核黄素多，是雏鸡开食常用的饲料。可占饲料的 15% ~20%。

9. 红薯、胡萝卜与南瓜

属块根和瓜类饲料，含淀粉和糖分丰富，胡萝卜与南瓜含维生素 A 原丰富，对肉用鸡有催肥作用，可加速鸡增重。为提高其消化率，一般都煮熟喂，可占饲料的 50% ~60%。

（二）蛋白质型饲料资源

大多数蛋白质饲料都由于氨基酸的不平衡而在使用上受到限制。也有的由于钙、磷的含量问题在用量上受到限制。豆饼（粕）和鱼粉一般作为蛋白质饲料的主要组成部分，但某些鱼粉由于含盐量过多，用量也受到限制。

1. 植物性蛋白质饲料

（1）豆饼（粕）　是鸡常用的蛋白质饲料。一般用量在20%左右，应防过量造成腹泻。在有其他动物性蛋白质饲料时，用量可在15%左右。有些地区用生黄豆喂鸡。其实，生黄豆中含有抗胰蛋白酶等有害物质，对鸡的生长是不利的，其含油量高也难以被鸡利用。所以，生黄豆必须炒熟或蒸煮破坏其毒素，同时还可以使其脂肪更好地被鸡吸收利用。

（2）花生饼（粕）　含脂肪较多，在温暖而潮湿的空气中容易酸败变质，所以不宜久贮。用量不能超过20%，否则会引起鸡消化不良。

（3）棉籽（仁）饼　带壳榨油的称棉籽饼，脱壳榨油的称棉仁饼。因它含有的棉酚，不仅对鸡有毒，而且还能和饲料中的赖氨酸结合，影响饲料蛋白质的营养价值。使用土法榨油的棉仁饼时，应在粉碎后按饼重的2%重量加入硫酸亚铁，然后用水浸泡24小时去毒。例如，1千克棉仁饼粉碎后加20克硫酸亚铁，再加水2.5升浸泡24小时。而机榨棉仁饼不必再作处理。棉仁饼用量均应控制在5%左右。

（4）菜籽饼　含有一种叫硫葡萄糖苷的毒素，在高温条件下与碱作用，水解后可去毒。但雏鸡以不喂为好，其他鸡用量应限制在5%以下。

饼类饲料应防止发热霉变。否则，将造成的黄曲霉污染，毒性很大。同时，还要防止农药污染。饲喂去毒棉籽饼、菜籽饼的同时，应多喂青绿饲料。

2. 动物性蛋白质饲料

动物性蛋白质饲料可以平衡饲料中的限制性氨基酸，提高饲料的利用率，并影响饲料中的维生素平衡，还含有所谓的未知生长因子。

（1）鱼粉　是鸡的理想蛋白质补充饲料。限制性氨基酸含量全面，尤以蛋氨酸和赖氨酸较丰富，含有大量的 B 族维生素和钙、磷等元素的无机盐，对雏鸡生长和种鸡产蛋有良好作用。但价格高，多配会增加饲料成本，一般用量在10%左右。肉鸡上市前10天，鱼粉用量应减少到5%以下或不用，以免鸡肉有鱼腥味。

目前，某些土产鱼粉含盐量高、杂质多，甚至有些生产单位还用鸡不能吸收的尿素掺和成质量差的鱼粉，用来冒充含蛋白质量高的鱼粉，购买时应特别注意。

（2）血粉　含粗蛋白质80%以上，亦有丰富的赖氨酸和精氨酸。但不易被消化，适口性差，所以，日粮中只能占3%左右。

（3）蚕蛹　脂肪含量高，应脱脂后饲喂。由于蚕蛹有腥臭味，多喂会影响鸡肉和蛋的味道。用量应控制在4%左右。

（4）鱼下脚料　人不能食用的鱼的下脚料。应新鲜运回，避免腐败变质。必须煮熟后拌料喂。

（5）羽毛粉　蛋白质含量高达85%，但必须水解后才能用作鸡饲料。由于氨基酸极不平衡，所以用量只能在5%左右。除非用氨基酸添加剂进行平衡，否则不能增加用量。

（三）青绿饲料资源

青绿饲料含有丰富的胡萝卜素、维生素 B_2、维生素 K 和维生素 E 等多种维生素，还含有一种能促进雏鸡生长、保证胚胎发育的未知生长因子。它补充了谷物类、油饼类饲料所缺少的营养，是鸡日粮中维生素的主要来源。它与鸡的生长、产蛋、繁殖以及机体健康关系密切。

常用的青绿饲料有胡萝卜、白菜、苦荬菜、紫云英（红花草）等。雏鸡日粮用量可占15%～20%，成鸡日粮用量可占20%～30%。

没有青绿饲料时可用干草粉代替。尤其是苜蓿草粉、洋槐叶粉中的蛋白质、无机盐、维生素较丰富，苜蓿草粉里还含有一些类似激素的营养物质，可促进鸡的生长发育。1千克紫花苜蓿干叶的营养价值相当于1千克麸皮，1千克干洋槐叶粉含有可消化蛋白质高达 140～150 克。松针叶粉含有丰富的胡萝卜素和维生素 E，对鸡的增重、抗病有显著效果。它们是鸡的廉价维生素补充饲料。肉用仔鸡用量可占日粮的 2%～3%，产蛋鸡用量可占日粮的 3%～5%，但饲喂时必须由少到多，逐步使其适应。

二、肉鸡喂养的平衡日粮

（一）平衡日粮的含义

鸡在一昼夜内所采食的各种饲料的总量称为鸡的日粮。

营养完善的配合饲料，必然在营养物质的种类、数量以及比例上能满足鸡的各种营养需要，这样的日粮称为平衡日粮。

所谓平衡，主要表现为以下几个方面。

1. 能量与蛋白质的平衡

鸡为了获得每天所需要的能量，可以在一定范围内随着饲料能量水平的高低而调节采食量。所以，鸡有"为能而食"之说，高能日粮吃少些，低能日粮吃多些。在配合日粮时，首先要确定能满足要求的能量水平，然后调整蛋白质及各种营养物质，使之与能量形成适当的比例。

鸡在采食一定量的平衡日粮后，既获得了所需要的能量，同时，又吃进了足够量的蛋白质和其他各种营养物质，因而能发挥它最大的生产潜力，饲养效果最好。

如果日粮中能量水平高，蛋白质含量低，鸡就会由于采食量减少而造成其他营养物质的不足。可能鸡体很肥，但生长慢、产蛋少。当日粮中能量明显过多时，便会出现其他营养严重缺乏的症状，使鸡生长或产蛋完全停止，甚至死亡。

如果日粮中能量低，蛋白质等其他营养物质多，就会造成蛋白质的浪费和出现代谢上的障碍。当日粮容积很大、吃得很饱却得不到维持所需的能量时，鸡的体重减轻，逐渐消瘦，严重时死亡。

这里所指的平衡，是指蛋白能量比，就是说每兆焦代谢能饲料中应该含有多少克蛋白质。如肉用仔鸡前期的配合饲料中，每千克饲料含 12.13 兆焦代谢能，蛋白质为 21%，则蛋白能量比为 17.3 ［蛋白能量比 = 蛋白质（克/千克）/代谢能（兆焦/千克）= 21%/12.13（兆焦/千克）= 210（克/千克）/12.13（兆焦/千克）= 17.3（克/兆焦）］。也就是说，肉鸡每吃进 1 兆焦能量的同时，也吃进了 17.3 克蛋白质。

2. 蛋白质中氨基酸的平衡

蛋白质在饲料中的含量是非常重要的。可是，只是增加蛋白质含量，哪怕是采用高蛋白质饲料，鸡也不一定就能长得很好。这是因为，饲料中的蛋白质进入鸡体后，经消化分解成许多种氨基酸，其中有一类氨基酸是鸡体最需要而在体内又不能合成的所谓"限制性氨基酸"。它们是蛋氨酸、赖氨酸、色氨酸等 13 种氨基酸。当它们在日粮中供应不足时，就限制了其他各种氨基酸的利用率，也降低了整个蛋白质的有效利用率。例如，鸡的日粮中尽管其他各种氨基酸供给充足，但是，如果蛋氨酸的供应只达到营养需要量的 60%，那么，日粮中蛋白质的有效利用率就会受到限制，仅能利用 60%。其余的 40% 在肝脏中脱氨基，随尿排出体外。不但造成蛋白质浪费，加大饲料成本，而且鸡只长不好，甚至会引起代谢障碍。有时候，采用高蛋白质饲料养鸡，鸡体内可能会出现很多远远超过需要量的各种氨基酸，而真正缺少的限制性氨基酸仍不能满足，结果是事倍功半，鸡只并没有养好。

因此，在配料时不仅要考虑蛋白质的数量，还要注意其中限制性氨基酸的配套和比例关系。可采用合成的氨基酸添加剂来平衡蛋白质中各种氨基酸的比例关系。达到了氨基酸平衡的饲料，其饲料的蛋白质利用率才能充分发挥。

除此以外，平衡日粮还表现在钙、磷比例的平衡，以及微量元素、维生素的比例适量等方面。

所以，一种能达到最佳饲料利用率的优良饲料，必须具备合理的能量与营养物质配比。饲料是肉鸡饲养中占用成本最多的一项。因此，要求用尽可能少的饲料量和饲料费用，使肉鸡提供尽可能多的食用肉。获取其最佳经济效益的关键，应该是根据肉鸡的营养需要以及饲料的营养价值，经过计算，把各种类型饲料合理地搭配起来，做到肉鸡需要什么给什么，需要多少给多少，而不是有啥吃啥。所以说，科学的配合饲料，满足肉鸡各个时期的营养需要，是肉鸡饲养获得效益的基础。

（二）配料时应注意的事项

第一，在制定配方与配料时，要从本地的实际出发，尽可能选用适口性好的多种饲料。采用本地区的饲料，就可能在相当的营养浓度下做到饲料来源可靠、成本低、饲养效益好。

第二，制定配方后，对配方所用原料的质量必须把关，尽量选用新鲜、无毒、无霉变、适口性好、无怪味、含水量适宜、效价高、价格低的饲料。

第三，一定要按配方要求采购原料，严防通过不正当途径收购掺杂使假、以劣充优的原料。目前，可能掺假的原料有：鱼粉中掺水解羽毛粉和皮革粉、尿素、粉碎的毛发丝、臭鱼、棉仁粉等，使蛋白质品质下降或残留重金属和毒素；脱脂米糠中掺稻糠、锯末、清糠、尿素等，使其适口性变差，饲料品质降低；酵母粉中掺黄豆粉，或在豆饼中掺豆皮、黄玉米粉；黄豆粉中掺石粉和玉米粉等，导致蛋白质水平下降；在玉米粉中掺玉米穗轴；在杂谷粉中掺黏土粉；在无机盐添加剂中掺黏土粉；在骨肉粉中掺羽毛粉或尿素等。购进的原料要检验，测定其水分、杂质、容量、颜色、重量，看主要成分是否符合正常饲料的标准。有害成分是否在允许范围之内，达到要求的方可入库，否则应退货。如若使用将会带来严重损失。

第四，对于含有毒、有害物质的饲料，应当限用。如棉籽饼和菜籽饼，应在允许范围内使用。有的粗纤维含量高，如大麦、燕麦、米糠、麸皮等，均应根据其品质及加工后的质量适量限用。对于某些动物性饲料，如蚕蛹、血粉、羽毛粉等，应从营养平衡性、适口性及其本身品质方面考虑合理使用。

第五，各种原料应称量准确，搅拌均匀。先加入复合微量元素添加剂，维生素次之，氯化胆碱应现拌现用。各种微量成分要进行预扩散，即先与少量主料（4～5千克）拌匀，再扩散到全部饲料中去，以免分布不均匀而造成中毒。

第六，饲料应贮藏在通风、干燥的地方，时间不能过长，防止霉变。梅雨季节更应注意。特别是鱼粉、肉骨粉等，因含脂肪多，易变质。变质后有苦涩味，适口性变差，且有效营养成分含量下降。

第六章 肉鸡的无公害饲养管理技术

第一节 肉鸡的饲养阶段及饲养管理条件

一、肉鸡饲养阶段的划分

根据肉仔鸡生长规律和营养需要特点，将饲养全程划分为几个阶段，各阶段采用不同营养水平的饲料和管理规程。

1. 快大型肉仔鸡

饲养标准有两段制和三段制两种，我国 1986 年公布的肉仔鸡饲养标准，分为 0~4 周龄和 5 周龄以上两段，以此配制成前期料和后期料；美国 NRC 饲养标准为 0~3 周龄、3~6 周龄和 6~8 周龄 3 段，以此配成的料分别称前期料、中期料和后期料。因分段细更有利于保证肉鸡合理的营养，三段制饲养效果优于两段制，已在国内广泛采用。

2. 优质型肉鸡

饲养期长，一般分为前期 0~6 周龄、中期 7~10 周龄、后期 11~15 周龄。

二、肉鸡饲养管理条件

正常的饲养管理条件是养好优质鸡的基本要求，最好的饲养管理条件是为了减少应激，获得最佳的经济效益。下面就饲养管理条件的要求分述。

(一) 温度

鸡对温度的适应性因年龄、类型和品种而有差异。温度若超过一定的允许范围或者发生急剧变化，都会给鸡的生长带来危害，进而影响生产性能。1 日龄雏鸡没有热调节机能，体温随环境温度而变化；8～10 日龄以后，热调节机能开始起作用；到 30 日龄左右才能达到健全的调节机能。20 日龄以后，肉仔鸡在 16～31℃生长最好，26℃左右饲料转化率最高，不同日龄肉仔鸡的适宜温度见表 6－1。

表 6－1　不同日龄肉仔鸡的适宜温度　　（单位，℃）

日龄	13	4～7	8～14	15～21	22～28	29～35	36 以上
温度	34～32	32～30	30～27	27～25	25～20	25～15	25～15

（二）湿度

肉仔鸡舍在一般条件下，相对湿度 60%～65% 最好。40%～72% 是鸡的适宜湿度，85% 以上对鸡有不良影响，35% 以下会影响黏膜和皮肤的防卫能力，易引起呼吸道疾病，还会使鸡的羽毛生长不良。在家禽生产中，育雏前期可能会出现舍内相对湿度不足，其他情况相对湿度偏高。可从以下几个方面考虑控制湿度：鸡舍应建在地势高燥的地方；舍内地面应距舍外高 30 厘米左右，并在必要时进行防潮处理；鸡舍应充分干燥后才能使用；减少供水系统的漏水；严格控制舍内的洒水量；经常清粪或更换潮湿的垫料；保持舍内良好的通风。在雏鸡舍（尤其是采用地下火道供温），可结合喷雾消毒进行增湿。

（三）通风

在不影响舍温的前提下尽量多通风，排出鸡舍内的污浊空气，换进新鲜空气，调节鸡舍内的温度与湿度。开放式鸡舍除夏季外，一般采用自然通风方式。这种方式的通风口位置不要太高，也不能直接吹在鸡身上。最好用卷帘鸡舍，风从鸡头顶上吹过。密闭式鸡舍采用机械通风装置，由于冬季与夏季及不同日龄鸡而需的换气量不同，排风扇必须能变速控制，每天 24 小时连续、安全可靠地运转。根据生产实践经验，肉仔鸡鸡舍要保持良好的空气质量，换气量和气流速度分别达到：冬季 0.7～1 立方米/（小时·千克）、0.2～0.3 米/秒，春季、秋季 1.5～2.5 立方米/（小时·千克）、0.3～0.4 米/秒，夏季 5.0 立方米/（小时·千克），0.6～0.8 米/秒。

（四）光照

主要目的是鸡有足够的采食时间。在进雏后的前 2 天，每天光照 24 小时；从第 3 天起实行 23 小时光照，即在晚上停止照明 1 小时；育雏头 2 周每平方米地面 2～3 瓦的光照强度，2 周后 0.75 瓦即可；可采用白炽灯或日光灯，每个照明器功率不宜太大。

（五）密度

指鸡舍内每平方米所容纳的鸡数。密度过大，使鸡生长减慢，发育不整齐，易感染疾病和发生恶癖，死亡也增加；密度过小，鸡舍利用率低，经济效益低。因此，要根据鸡舍的构造、通风条件、饲养方式等具体情况而灵活掌握。育雏期的饲养密度一般为 25～35 只/平方米，分群后为 12～15 只/平方米。另外，每群数量不宜过大，网上平养每群以 300～500 只为宜。

（六）饲养方式

1. 地面平养

把鸡养在铺有碎稻草、锯屑、稻壳等有垫料的地面上，垫料厚为 10～20 厘米，肉鸡出售后将垫料与粪便一次性消除。优点是设备简单，成本低，胸囊肿及腿病发病率低；缺点是垫料需要量大，占地面积大，污染严重，易发生鸡白痢及鸡球虫病等。

2. 网上平养

把鸡养在离地 50～60 厘米高的铁丝网或塑料网上，网眼 1.25 厘米×1.25 厘米。优点是可节省大量垫料，鸡不与粪便接触，减少了消化道疾病的再感染，特别对球虫病的控制有显著效果，成活率高，增重快；缺点是投资成本大，日粮要全价。

3. 笼养

优点是饲养密度大，饲料报酬高，便于收集鸡粪，舍内清洁，鸡只不与粪便接触，能防止或减少球虫病的发生；缺点是设备投资大，胸囊肿和腿病的发生率高。

第二节　肉种鸡的饲养管理

一、快大型肉种鸡的饲养管理

种鸡是发展肉鸡饲养业的基础。只有在良种的基础上，经过科学的饲养，才能获得受精率高、孵化率高的种蛋。这不仅要求种鸡本身具有优良的生产性能和种用价值，还要有良好的饲养管理技术。

肉用种鸡具有肉用型鸡的特点，即产蛋量低，采食量大，生长速度快，体重大，容易育肥。但高产种鸡应具备的基本条件是体重适宜，不能过肥，因此，除加强管理外，科学的饲养方式和饲养技术也至关重要。

（一）生长期的饲养管理

育雏期的饲养

肉用种鸡的育雏期是 0～3 周龄或 4 周龄这段时间。

（1）雏鸡生理特点及饲养技术

①雏鸡全身长满绒毛，缺乏御寒保温能力，体温调节机能不健全，既怕冷又怕热，需到 7～10 日龄才能趋于正常，3～4 周龄时才具有较好的体温调节能力。

②嗉囊小，消化系统发育不健全，雏鸡所需营养在出生最初几天主要来自体内残留的卵黄，同时，胃肠消化能力差。而雏鸡在该阶段生长迅速，在良好的饲养条件下，1 周龄时，体重相当于出生重的 4 倍；2 周龄时，体重相当于出生重的 10 倍；3 周龄时，体重相当于出生重的 18～20 倍。

③雏鸡体小娇嫩，对外界刺激反应敏感，抵抗力差，易感各

种疾病。饮水和饲喂要非常精心。

a. 饮水　肉用雏鸡一般在毛干后 3 小时即可接到育雏舍，休息片刻即可饮水。雏鸡的第 1 次饮水叫初饮。这时遵循的原则是先饮水后开食。初饮时在水中加 3% ～5% 葡萄糖，饮足 12 小时。也可同时加抗生素、多维或电解质等，而后不能再断水。

第 1 周内应饮凉开水，水温应保持与室温相同，1 周后可直接饮用自来水或井水。

水质要符合要求，饮水中不能有诱发疾病的有机物质，盐或矿物质含量也不能危害鸡群健康。

b. 开食　雏鸡第 1 次吃食为开食。由于雏鸡消化器官发育不健全，开食时应喂易消化的饲料。开食时间一般在饮水后 3 ～4 小时，开食过晚会使鸡体内残留卵黄吸收，而外部营养物质供应不上，会使鸡变得虚弱而影响发育，增加死亡率。开食时，可在配合料上撒一些碎粒玉米或用生芯小米抛撒在反光性强的硬纸上、塑料布或开食盘内，让雏鸡自由采食。

雏鸡料的代谢能 11.34 ～12.18 兆焦/千克，蛋白质 16% ～18% 能基本满足需要。同时雏鸡料维生素、微量元素含量应充足，且营养全面。

（2）早期特殊处理技术

①剪冠：雏鸡接入育雏舍后，当天就需要对父系雏鸡进行剪冠处理。剪冠的目的在于能够明显区别父系鸡和母系鸡，便于及时淘汰鉴别错误的个体。

剪冠时用剪刀贴近冠的基部将冠剪掉，残留的部分尽可能少些，剪后用碘酊进行消毒处理，防止感染。

②断喙

a. 断喙日龄及方法　公鸡和母鸡都可以在 7 ～10 日龄期间进行断喙。为了减少应激，对于育雏情况不理想的鸡群，应推迟断喙时间。断喙应该使用专门的断喙器，当断喙器的刀片呈暗红色时可以进行。母鸡断喙时将上喙切去 1/2，下喙切去 1/3；公鸡上下喙均切去 1/3，如果上喙切去太长会影响以后的交配。鸡群在 6 周龄前后需要检查喙部生长情况，对喙部不整齐或上喙长尖的个体需要进行修整。生产中断喙处理不好的鸡群经常出现啄死啄伤鸡的现象。

b. 断喙要注意以下具体事项：一是避免烧伤舌头，如果烧伤舌头将严重影响采食；二是断喙前一天饲料中应添加维生素 K_3，饮水中加电解质，防止应激和出血，断喙后还要继续喂两天；三是断喙时料盘（槽）中的饲料要加厚，以免鸡喙碰到盘底有痛感而影响采食；四是断喙人员应受到良好训练，且不可操之过急，喙留短了影响采食，会造成残废，留长了要重断。断喙后要细心观察，发现意外及时处理。

（二）育成期的饲养

1. 育成期的划定及生理特点

（1）育成期　育成期一般是指 4～22 周龄。此阶段是一个重要的发育阶段，饲养的好坏直接影响种鸡在性成熟后的体质、产蛋状况和种用价值。

（2）育成期的生理特点

①生长迅速：骨骼和肌肉的生长速度较快，对钙的沉积能力提高，脂肪沉积量逐渐增多，容易引起过肥现象。该阶段对肉鸡影响最大的是饲料的营养水平和饲喂量。

②发育旺盛：育成期的中后期，机体各器官发育基本健全，生殖系统开始发育至性成熟。光照时间的长短对性成熟时间有很大关系。此阶段饲养方式不当容易引起体重过大，发育过快，早熟早开产，从而严重影响肉用种鸡以后的产蛋量和蛋壳质量。所以，要求适时调整日粮营养水平，保证种母鸡有健壮的体况，适时开产。为达到这个目的，必须限制饲养。

2. 限制饲养技术

（1）限制饲养的意义　为了控制体重，有意识地控制喂料量，并限制日粮中的能量和蛋白质水平，这种饲养方法叫限制饲养。限制饲养有限时、限质、限量等多种方法。

限制饲养，不仅能控制生长速度，也能防止性成熟过早，使母鸡在最适宜的年龄和最适宜的体重时开产。同时，限制饲养，可以使鸡体内腹部脂肪减少20%～30%，使性成熟延迟5～10天，节省饲料10%～15%。

（2）限制饲养的方法 在肉种鸡的生长发育时期，为了提高鸡群发育的整齐度和改变体重增加速度，需要科学、系统地采用限制饲喂技术。

目前，生产中应用的限制饲喂技术主要有3种，而且3种限饲方法在一群种鸡中都会用到。

①每日限饲：每日给鸡群饲喂一定配额的饲料（约为充分采食量的70%）。此法对种鸡的应激较小，适用于幼雏转入育成期前2～4周（即3～6周龄）和育成鸡转入产蛋鸡舍前3～4周（20～24周龄）时，同时也适用于机械喂料。

②隔日限饲：将连续两日的饲料放在1天饲喂，使每只鸡都有充分的采食机会，第2天不饲喂，仅供给饮水，如此循环。此法限饲强度较大，适用于生长速度较快，体重难以控制的阶段，如7～11周龄（也有在7～20周龄之间一直使用的）。另外，体重超标的鸡群，特别是公鸡，也可使用此法。

③五二限饲：把7天的喂料量集中于每周内5天饲喂，2天停料。停料的2天应间隔开（如每周的星期三和星期日不饲喂）。此法限饲强度较小，一般用于12～19周龄。

（3）限制饲喂前的准备

①圈栏安排：为了提高限饲效果，一般要求将鸡舍内分隔成为若干个小圈，每个小圈的面积为30～40平方米，可以容纳150～200只鸡。如果圈栏面积大，放鸡多，则鸡群发育的整齐度会受影响。

②限饲前的调群：限制饲喂前，通过对鸡群的目测和称重，

将其分成大、中、小 3 种类群，同时，将过度瘦弱、体质较差的鸡淘汰。如果鸡群整齐度很高，不必全群逐只称重，可选 30 ～ 50 只称重，取其平均值。特殊情况作个别调整即可。

限制饲养应根据本单位实际情况灵活操作。可根据鸡群体重情况，每周都调整饲料喂量。也可按事先制定的本场不同批次鸡体重模式图，及时调整每周限饲方案和限饲计划。

（4）限制饲养时间　母鸡限制由 3 周龄开始，要求在 3 ～ 19 周龄内，每周增重 90 ～ 117 克。喂料量由每周实际抽测的体重与标准体重相比较而确定。若鸡群超重不多，可暂时保持喂料量不变，使鸡群逐渐接近标准体重。相反，鸡群稍轻，也不要过多增加喂料量，只要稍稍增一点，即可使鸡群逐渐达到标准体重。

（5）限制饲养需注意事项　喂料时要有充足的料（槽）位和快速的喂料设施，使鸡群尽快吃到饲料，以保持良好的均匀度。喂料日饲料量要全部一次性投给，不得分开，保持饲料均匀分布，防止强夺弱食。喂料器的高度要随鸡背高度及时调节，避免浪费饲料。

母鸡体重和限饲程序要根据育种单位的要求进行。生长期公鸡的限饲方法和母鸡相同，只是体重和饲料量不同。无论与母鸡混养还是分养，只要按标准体重严格限饲，就能取得良好效果。

除限饲外，还应结合光照制度，使性成熟和体成熟同步进行，两者综合作用，调节母鸡开产日龄。

限制饲喂既要达到标准体重，又要有好的均匀度。种鸡的均匀度是以平均体重 ±15% 范围内的鸡占全群鸡的比例表示的。它是衡量鸡群限饲的效果，预测开产整齐性、蛋重均匀程度和产蛋量的指标。生产实践证明，肉种鸡的均匀度每增减 3%，每只入舍鸡产蛋数相应增减 4 枚左右。

（三）种鸡场鸡舍清理、冲洗、消毒程序

1. 鸡舍清理

种鸡淘汰后，拆除产蛋箱和料线设备，并分类存放，提起水线和公鸡料线，防止损坏，便于清粪，拆除公鸡料盘并集中存放。拆除地板网、护坡、爬梯，码放在鸡舍的两侧墙边。清理鸡粪并彻底清扫鸡舍。检查鸡舍和设备存在的问题，进行维修和处理。做好电器元件、电机、开关柜的包裹防水工作。清理、疏通舍内、舍外的排污沟，便于下一步冲洗。

2. 冲洗

冲洗工作在舍内进行，防止污染舍外环境。冲洗产蛋箱、产蛋垫，干净后抬出舍外，集中分类存放。清洗鸡舍地板网、角铁架、排风机、遮光罩、暖风机等。冲洗料槽、链条、接头、防栖栅、料箱、转角3～5次。洗刷料桶、料盘、饮水器，拆除水线，彻底冲洗。冲洗鸡舍、工作间，要求自上而下、自内而外、连续用高压水冲洗3～5次，每次冲洗都要扫净积水，并不留任何死角。

3. 消毒

在高质量完成栋舍清洗和栋舍周围清扫干净的前提下，采取如下消毒方案。

（1）栋舍内相关设备消毒

①地板网、料槽、链条、限饲格、支架、接头、料箱、料箱盖、转角用1：1 000百毒杀和1：500 TH4浸泡消毒2次，2次消毒间隔2天。

②暖风机采用1：1 000百毒杀和1：500TH4彻底冲洗消毒2次。

③ AC-2000自动控制系统用酒精擦拭消毒，电机、电器开关拆下检修、除尘，集中熏蒸后再安装入舍。

④角铁支架、地面、墙壁、顶棚、钢筋等先采用火焰消毒，然后熏蒸消毒。

⑤灯伞、围栏、纱窗等采用2%氢氧化钠浸泡消毒。

⑥保温伞用1：1 000百毒杀刷洗；塑料网用2%甲醛喷洒消毒。

⑦料桶、开食盘、饮水器采用百毒杀 1:1 000 浸泡消毒。

⑧乳头、水线及加药器先拆下，采用百毒杀 1:1 000 浸泡后安装好，再注入消毒液浸泡。

（2）栋舍消毒

①火焰消毒地面，墙壁及耐热设施。

②采用 2% 生石灰粉刷墙壁、屋顶进行消毒。

③常用消毒液配制浓度、用量及适用范围为：2% 氢氧化钠，1 000 毫升/平方米，用于耐腐蚀的鸡舍和设备、环境消毒。5% 甲醛，1 000 毫升/平方米，用于鸡舍、环境、垫料及下水道消毒。1:200 碘制剂，500 毫升/平方米，用于设备及鸡舍消毒。氯制剂，1 000 毫升/平方米，用于设备及鸡舍消毒。1:500 TH4，1 000 毫升/平方米，用于设备及鸡舍消毒。1:500 过氧乙酸，500 毫升/平方米，用于设备及鸡舍消毒，三倍量熏蒸消毒，1 000 毫升/立方米，用于鸡舍消毒。

④同种消毒药可连续使用，不同种消毒药间隔一天使用。

（3）周围环境消毒

①场区 2% 氢氧化钠喷洒，1 000 毫升/平方米，污道和净道撒生石灰进一步消毒。

②排污沟、厕所 2% 氢氧化钠喷洒，1 000 毫升/平方米。

③库房、办公室、浴池、料库、垫料库采用喷雾和熏蒸消毒，包括库房物资。

④垫料采用甲醛浸泡消毒，晾晒后转入栋舍，在舍内随着鸡舍消毒做进一步消毒。

（4）消毒先后顺序（在彻底冲洗干净后）

①火焰消毒栋舍。

②白灰粉刷消毒。

③设备消毒后转入栋舍初步安装，再结合栋舍消毒进行全面彻底消毒。

④栋舍消毒完毕开始对场区进行全面消毒。

⑤垫料放入栋舍一起熏蒸消毒。

消毒后要检查消毒效果，舍内、舍外全面检查，对不符合质量标准的要重新消毒。

进鸡后的消毒遵照日常管理消毒规程去做。

（四）肉种鸡产蛋期的饲养管理

环境的基本要求及控制要点

（1）温度、湿度、通风换气 控制同育成期，不再赘述。

（2）光照 增加光照时机一般在 140～147 天，光照时间增加到 14 小时，光照强度在 30～40 勒克斯，当鸡群产蛋率达到 5%时，光照时间增至 15 小时，一直到鸡群淘汰，要注意整个产蛋期光照时间不能缩短，光照强度不能减弱。

（3）产蛋箱的准备

①产蛋箱应在 18 周龄之前安装结束，产蛋箱应排放均匀、对称，不得晃动，每 4 只母鸡一个窝位。

② 20 周开始，要训练鸡进产蛋箱，早上打开，下午关闭产蛋箱，防止母鸡在产蛋箱内过夜。

③产蛋窝内添加垫料，垫料应柔软、吸潮，垫料上的粪便每天早晚各清除一次，箱顶灰尘每日开箱前打扫一次。产蛋箱木踏板应无毛刺、光滑，避免给鸡造成外伤而引发母鸡的腿病。

（4）饮食管理

①产蛋期不限水，在 25～36 周龄，每周在饮水中添加复合维生素 2～3 天。

②当鸡群产蛋率到 5%时，将育成料改为产蛋料。换料时要逐渐过渡，以免给鸡群造成应激。

③高峰料量一般在 158～165 克，要根据饲料的品质及气候条件决定高峰的给料量。

a. 当产蛋率达到 5%时，按表 6-2 执行。

b. 当产蛋率 60%～65%时，饲料量应增长到最高峰。

c. 当鸡群到达产蛋高峰后，如果产蛋率在 1 周内不再增长，应立即减料，防止因减料不及时而造成母鸡肥胖，降低产蛋性能及受精率。一般是连续 10 周，每周减 1 克，以后每周减 0.5 克，一直到淘汰。

表6-2　肉种鸡给料量

产蛋率（%）	给料量
5~25	每增加5%产蛋率增加2克/只
25~45	每增加5%产蛋率增加3克/只
46~65	每增加5%产蛋率增加4克/只

（5）种蛋的管理

①加强对产蛋箱的管理，首先产蛋箱应安放水平、平稳、不摇晃。产蛋箱内必须使用清洁的刨花或稻壳，最少每 10 天更换一次，应随时添加，其次要训练鸡只到产蛋箱内产蛋，以减少地面蛋、棚面蛋等。

②产前几周应每小时巡视一次鸡舍，收集起所有窝外的蛋以减少母鸡产地面蛋的习惯。对于产在窝内的蛋，从开始见蛋到产蛋率达 3% 前，可以不收集箱内蛋，以训练鸡到窝内产蛋，产蛋率 15% 以前每天下午集一次蛋，产蛋率 30% 前每天 2 次，以后正常收集。留置产蛋箱内的蛋应尽量放在蛋箱的上层巢内，以增加产蛋箱对初产母鸡的吸引力，引诱其到产蛋箱内下蛋，从而减少地面蛋。

③产蛋率 30% 以后要求每日的捡蛋次数为 5~6 次。捡蛋前要准备好蛋盘，饲养员洗手消毒后开始捡蛋。捡蛋动作要轻，尤其产蛋窝内有鸡时，尽量减少对鸡的应激。

④捡蛋后进行初选，剔除破碎蛋、裂纹蛋、软皮蛋、畸形蛋、过小的蛋等。对于轻度污染的种蛋，必须用干净的金属丝洁碗球或砂纸擦干净，绝对不能用水和湿布擦洗，也不可用砂纸过度打磨。所有的蛋均应大头朝上放在蛋盘中。

⑤蛋熏蒸消毒。种蛋应放在熏蒸箱内用 3 倍量的福尔马林熏蒸，即每立方米空间使用 42 毫升甲醛，21 克高锰酸钾。要求熏蒸箱封闭要严，不得有破损。一个标准箱的刻度为福尔马林 9 毫升，高锰酸钾 4.5 克，熏蒸时间 20 分钟。操作时先在盘内放入高锰酸钾，再倒入福尔马林（可用注射器抽取或用量筒量取），立即将药盘推入熏蒸箱底部，满 20 分钟后打开箱门，自动排风。应特别注意：种蛋在饲养区每枚蛋只能熏蒸一次。

⑥每周要定期称一次蛋重，每次 300 枚，计算平均蛋重。

（6）种公鸡的产蛋期管理

①体重控制：是整个产蛋期的要点，公鸡的体重在整个产蛋期都不能减少，但也不要让公鸡超重，给料原则取决于公鸡的体重、舍温、饲料的营养水平和饲养方式，不要盲目减少喂料量，否则，不仅体重不下降，反而增加，造成后期受精率下降。一般建议，34 周龄后，在母鸡减料的同时，公鸡料每隔 3～4 周增加 1 克，保证公鸡有良好的体况，减少死淘，提高受精率。

②保持公鸡的栏位稳定不变：产蛋期由于每个栏内公鸡死亡淘汰数量不定，有的栏可能少些，这时也不能将别的栏内公鸡移过来，以免造成公鸡间的相互争斗，而影响受精率。

③预防种公鸡的腿脚病：正常的脚趾对公鸡交配极其重要，如果发炎、肿痛、变形，则会使种公鸡不能爬到母鸡背上，而影响公鸡的交配，因而在日常管理中，应减少各种应激，管理好垫料，及时清除潮湿结块的垫料，保持垫料松软、平整，有 2/3 用竹排平养的要求竹排平滑无毛刺，以防造成公鸡的外伤特别是腿、脚、趾、爪和胸部的外伤而影响受精率。

④及时淘汰病、弱、残及鉴别错误的公鸡：由于这部分公鸡都占有一部分母鸡，如不及时淘汰会影响别的公鸡与之交配，影响受精率。

（7）产蛋期饲养管理程序（产蛋期日常工作程序）

6：30 到达鸡舍，检查设备运行情况，观察鸡群采食，料线有无漏料现象，擦灯泡，拣死鸡，捡窝外蛋，扫鸡毛，打扫产蛋箱顶鸡粪。

6：45　捡第 1 遍蛋，选蛋。

7：30　早餐。

8：40　捡第 2 遍蛋，选蛋，运至蛋库，集中熏蒸消毒。

10：30　捡第 3 遍蛋，选蛋，运至蛋库，集中熏蒸消毒。

12：00　午餐。

13：00　捡第 4 遍蛋，选蛋，运至蛋库，集中熏蒸消毒。

14：00　准备第 2 天饲料。

15：20　捡第 5 遍蛋，选蛋，运至蛋库，集中熏蒸消毒。

16：00　记录填交报表，下班。

另外还要注意以下几点：

①选蛋后送入蛋库熏蒸，熏蒸时间为 20 分钟，熏蒸浓度为 3 倍量。

②每周二、周五清理产蛋箱垫，掉的产蛋垫、坏的产蛋箱及时调换、修理。

③每周擦一次水线，每周消毒水线一次。

④每周六下午称重 2%。

⑤每周清理舍内卫生一次。

⑥每周给转角上机油一次。

⑦限饲格随时检查修理。

二、优质肉种鸡的饲养管理

（一）生长期的饲养管理

优质肉种鸡育雏期的饲养管理可参考快大型肉种鸡饲养管理进行。脱温后进入生长期要注意以下事项。

1. 保持合适的饲养密度

饲养密度过高会影响鸡群的生长发育和健康，生长的均匀度差。优质肉鸡不同于快大型肉鸡，活动量较大，应留有比较大的活动空间，防止啄癖的发生。一般要求鸡舍内的饲养密度为 1 ～

2 周龄时每平方米饲养 30~40 只，3 周龄时 25~30 只，4 周龄时 20~25 只，5 周龄时 15~20 只，6~7 周龄时 10~15 只，8 周龄以后 8~10 只。运动场面积要求是舍内面积的 2~3 倍。可以在运动场内补喂青饲料和沙粒。

2. 光照管理

白天采用自然光照，晚上补充人工光照，便于进行喂料和饮水。10 周龄以后增加光照强度和时间，会提前产蛋，否则会延后。人工补充光照的强度最少应为 40 勒克斯（接近 3.5 瓦/米。白炽灯）。光照时间：21 周龄 10 小时，以后，鸡每增加 1 周龄，光照增加 1 小时，26 周龄以后保持在 16 小时，一直到出栏。农村养鸡户晚上在运动场开灯，还可以引诱昆虫供鸡采食。

3. 限制饲喂

育成期间采用每日限饲方法，每日的饲料在上午一次性投喂，下午不供给饲料。

每日的饲料量要参考育种公司提供的相关资料并根据体重、发育情况确定，方法与快大型肉种鸡相似。鉴于优质肉种鸡的品种多，一些品种体重和喂料量标准不明确，部分优质肉种鸡养殖场采用一种简单的控制方法，即对于中小体型的鸡，在雏鸡阶段自由采食，当日耗料量达到 75 克时不再增加喂料量，直至性成熟前 3 周；对于中大型的鸡，在雏鸡阶段自由采食，当日耗料量达到 90 克时不再增加喂料量，直至性成熟前 3 周。

4. 增强运动

优质肉鸡的风味与其饲养过程中的运动量关系密切。增强运动不仅可以提高肉的风味，还有助于提高鸡群的体质，减少用药。鸡舍的南边必须留有运动场，增加白天舍外活动时间。要求 15 日龄以后在无风雨的天气，让鸡群到运动场上去采食和饮水。鸡舍内及运动场四周设置栖架，让鸡飞上飞下增加运动量。

5. 搞好卫生

鸡舍要定期清理，将脏污的垫料清理出来后，在离鸡舍较远的地方堆积进行发酵处理。运动场要经常清扫，把含有鸡粪、草茎、饲料的垃圾堆放在固定的地方，焚烧或发酵处理。鸡舍内外要定期进行消毒处理，把环境中的微生物数量控制在最低水平，保证鸡群的安全。料槽和水盆每日清洗1次，每2日用消毒药水浸泡消毒1次。

6. 设置栖架

鸡在夜间休息的时候喜欢卧在树枝、木棍上，在鸡舍内要放置栖架。其优点是可以减少相对饲养密度，减少与粪便的直接接触，避免老鼠在夜间侵袭。栖架用几根木棍钉成长方形的木框，中间再钉几根横撑，放置的时候将栖架斜靠在墙壁上，横撑与地面平行。

7. 疫病防治

可以参考第七章进行。除传染病外，常见病主要是寄生虫病和营养缺乏病、啄肛、啄羽等。

（二）繁殖期的饲养管理

1. 饲喂要科学

上午喂料和饮水，必须在母鸡产蛋前进行。如果采食、饮水的管理不当或设备不足，可导致母鸡在采食、饮水、产蛋等项活动中在时间上产生冲突，结果出现地面蛋增多。当限水太严时，鸡群在水源周围相互拥挤浪费时间，会耽误部分母鸡及时进入产蛋箱产蛋。同样，必须让母鸡在早上有一定的采食时间，吃饱后产蛋。实际操作时，常在开灯30~60分钟后开始投料。如果开灯后5~6小时投料，大部分的母鸡已经完成产蛋。

2. 产蛋管理

（1）产蛋箱的数量　通常应为每4只母鸡配备1个人工的个体产蛋箱，可为35~40只母鸡提供1米长的自动共用产蛋箱。如果舍内所有的产蛋箱舒适完好，并且放置合理，那么以上标准应该够用。

（2）产蛋箱的设计　常用的产蛋箱有两种类型：一是加入

秸秆、刨花和稻壳的人工收集种蛋的个体产蛋箱；二是配备自动传送带集蛋的共用自动产蛋箱。产蛋箱可设 1～2 层，箱前设宽的木条，便于母鸡进入产蛋箱。在底层排 2 根厚木条，上层排 1 根厚木条。上下层的栖息条必须相隔一定的距离，以便母鸡能上下跳跃。育成期在鸡舍内放置必要的栖息设备，能更好地训练母鸡的栖息和跳跃行为。

建议为人工产蛋箱配备关闭装置，或为自动产蛋箱配置驱逐装置，这样可避免产蛋箱在夜间受到鸡粪污染。从产蛋箱的底部至上缘有 12～15 厘米的深度。为了避免地面蛋问题，产蛋箱必须距垫料至少 50 厘米高。同时，鸡舍内灯泡的排列应尽可能地减少在产蛋箱下产生阴影。

（3）垫草与捡蛋　产蛋箱每隔 5～7 天换一次垫草。垫草不要采用比地面垫料差的材料，切断的麦秸比刨花好，最好不用干草。在自动产蛋箱内使用塑料垫子效果不错。根据产蛋期与产蛋数决定捡蛋的次数和时间。产蛋初期每天捡一次；产蛋高峰时每天捡 3～4 次；其他时间每天捡 3 次。每次捡蛋的时间间隔最好是根据每天产蛋数，按次数分摊所占的数量来安排。当然，必须保持捡蛋时间的相对稳定。

捡蛋时不要引起鸡群大骚动，捡蛋要轻拿轻放，减少破损；捡蛋要分圈清点种蛋个数，并严格按种蛋的要求，将不宜作种用的鸡蛋剔出，做好记录。脏蛋不宜用水洗，以免污水渗入蛋内，不易保存，引起变质。

收集的种蛋存放在有垫草的蛋箱内，或专用种蛋箱内，标明装箱日期及责任人。蛋箱不宜过高，防止压破下层种蛋。搬动蛋箱进出时应格外小心，防止运输时撞破种蛋。

3. 减少产蛋干扰

母鸡产蛋时呈半蹲状态，输卵管外翻，这使它们特别易于受到其他鸡的攻击。所以，它们必须寻找一个使自身和种蛋都免受攻击的地方产蛋。如果产蛋箱不舒适或不足，一部分母鸡将选择在鸡舍内别的地方产蛋，如在喂料器和饮水器下、靠墙边、棚架下等，一旦养成这种习惯将很难根除，并且其他母鸡还将模仿。因此，为母鸡提供数量充足的、设计合理的、放置位置恰当的产蛋箱相当重要。

公鸡能影响母鸡的产蛋行为。在开产时，公鸡经常有侵扰性行为。根据产蛋箱的不同位置和方向，公鸡常干扰母鸡进入产蛋箱。因此，仔细观察鸡群的行为很重要。如有必要可减少公鸡的数量。

4. 防止种鸡产窝外蛋

鸡把蛋产在鸡窝或产蛋箱外面的蛋称为窝外蛋。产在窝外的蛋容易破损和受到污染。破损蛋不能利用；受污染的蛋孵化率低、雏鸡的育雏效果不良。因此，应采取各种措施，尽可能防止。

防止种鸡在窝外产蛋，应从以下几个方面着手。

(1) 早放产蛋箱　至少在鸡群开产前一周把产蛋箱放入鸡舍，并用铁丝网或薄板挡住鸡舍的角落，不准许鸡去产蛋。

(2) 训练种鸡在产蛋箱内产蛋　如发现鸡只在窝外产蛋，可以把鸡抱到产蛋箱内，经过几次训练，鸡就习惯在产蛋箱产蛋了。

(3) 按时捡蛋　一是不让产蛋箱内积有太多的蛋；二是要勤捡窝外蛋。

(4) 保持产蛋箱内垫草清洁干燥　如果产蛋箱内肮脏、潮湿、有杂物，鸡会不愿意到里面产蛋。

5. 尽量减少破蛋

如果发现破蛋增加，要检查原因，及时改进。

(1) 检查日粮营养与鸡的采食量　在气温正常、鸡群无病情的情况下，如蛋壳品质普遍下降，则需检查日粮中钙、磷和维生素 D 的水平是否符合需要；如日粮配方无问题，则应了解日粮的各种营养素是否充足，搅拌是否均匀；如这方面也无问题，可再测定鸡的采食量，计算实际摄入量，看看是否能满足产蛋的要求；然后，再根据需要，决定是否调整日粮。在高温季节，鸡的采食量显著下降，应提高日粮中蛋白质、维生素和矿物质的浓度。

（2）尽量减少应激因素　种鸡开产期对外界的各种应激因素比较敏感，一旦受到各种应激因素的刺激，就会产生应激反应，导致生理机能改变，产蛋量下降。应激因素主要有鸡群的搬迁、饲料变换、严寒、酷暑、大风、舍内通风换气不良、过度光照、疫苗接种、疾病、来往频繁的人群及车辆等，因此，要尽量避免或减少这些应激因素对鸡的影响。在鸡舍作业动作要轻，时间相对固定，在产蛋期间要避免或减少疫苗接种次数，维持鸡舍内外环境安静。

（3）适时捡蛋　防止鸡啄食鸡蛋，减少窝外蛋，勤换产蛋箱内垫草，防止鸡将垫草扒出。

（4）减少蛋的碰撞　首先，在鸡笼的集蛋槽前安装防撞垫（如塑料等），防止蛋滚动时碰破。收集的蛋应直接放入盛蛋器或蛋托中，并随时将不符合种用要求的蛋剔出，以避免多一项处理手续。如只能用篮子收蛋，则一次装蛋不要超过一半。种蛋运送时应小心，避免碰撞。

（5）防止高密度饲养　无论平养还是笼养，都须按饲养密度要求进行正确的定额管理，若盲目多养，往往会因增加破蛋数而抵消多养所得。

6. 冬季保温，夏季防暑

一般情况下，冬、夏两季的产蛋率都较低。冬季开放式鸡舍保温性差，舍内寒冷，母鸡必须通过加大摄食量和分解体内脂肪产生大量热能以御寒，这样不仅母鸡体质降低，而且饲料报酬降低；夏季当温度超过27℃时，鸡的呼吸、心率加快，饮水增加，采食量减少，产蛋率下降，蛋变小，壳变薄。所以，冬季保暖、夏季防暑相当重要。

第三节 商品肉鸡的饲养管理

一、快大型肉鸡的饲养管理

(一) 快大型肉仔鸡的生长规律

1. 早期生长速度快、饲料转化率高

现代肉鸡采用品系育种、品系杂交的培育方法，早期生长速度获得了很大的提高，这有利于缩短上市日龄，降低饲养成本。快大型肉仔鸡一般在6~7周龄上市，母鸡体重达到2千克以上，公鸡体重达到2.5千克以上。绝对生长最快的时期是第6周和第7周。其中0~4周龄以骨骼、肌肉生长为主，5~7周龄脂肪沉积能力提高，而腹脂沉积要晚于皮下脂肪的沉积。因此，快大型肉仔鸡要适时上市，上市越晚，脂肪沉积越多，特别是腹脂增加明显。快大型肉仔鸡生长发育快，2周龄时较初生重增加10倍，6周龄时增加60倍，8周龄时增加80多倍。

2. 雏鸡的体温调节机能不健全

刚出壳的肉用雏鸡难以适应外界的温度变化。初生雏鸡体温比成年鸡低3℃左右，10日龄后才逐渐恒定，达到正常体温。幼雏绒毛稀短，御寒能力差，因此，在开始育雏时，须供给较高的环境温度，随着雏鸡日龄的增长以及外界温度变化，再逐渐降低温度。

3. 消化道容积小，消化能力差

肉用雏鸡胃肠道容积小，消化机能尚未发育完全，消化能力差，而肉用雏鸡生长速度又很快。因此，供给的饲料要求营养全面，易于消化吸收。

4. 抗应激能力弱

肉用雏鸡抵抗力弱，易受各种病原微生物的侵袭而感染各种疾病，如鸡白痢、球虫病、大肠杆菌、支原体病、新城疫等。因此，必须及时应用药物、疫苗预防疫病。饲养期间要消毒，保持环境清洁卫生。肉鸡腿部疾病、胸部囊肿也比较严重，特别是笼养条件下更易发生，它会严重影响肉品的合格率。

5. 生产中性别差异显著

公鸡比母鸡生长速度快，胸肌、腿肌比例高。母鸡的脂肪沉积能力强，羽毛生长速度快于公鸡。生产中，肉仔鸡公鸡、母鸡分开饲养是一项新的技术，公鸡可推迟上市时间。

（二）进雏前需要安排的事项

1. 对育雏舍进行检查和维修

对育雏用鸡舍要进行全面检修。要求在冬季能很好地保温，并能适当调节空气；夏季能很好地通风透气，并能保持干燥。调整照明设备，达到要求即可，不要过于光亮。设备布局要合理，方便饲养人员的操作和防疫工作。

2. 对育雏舍进行消毒

（1）打扫、清洗　打扫、清洗鸡舍，要在上一批鸡出栏后进行。首先把舍内地面上的鸡粪、污物，墙壁、房顶、门窗上的灰尘、蛛网等打扫干净。然后用高压枪对地面、墙壁、房顶、门窗和育雏笼彻底冲洗，再用消毒药液彻底喷洒一遍，最后干燥房间。

（2）熏蒸消毒

①福尔马林与高锰酸钾熏蒸消毒法：一般雏鸡舍熏蒸消毒是采用福尔马林与高锰酸钾反应，产生气雾，经过 24 小时以后杀灭病原微生物。它的主要优点是气雾能够均匀地分布到舍内的各个角落，消毒全面彻底。为了提高熏蒸消毒效果，要注意以下几点。

a. 雏鸡舍要密闭良好　熏蒸消毒后产生的气体含量越高，消毒效果越好。在熏蒸消毒之前，务必要检查鸡舍的密闭性，对通风口要堵严，门窗要关好，若有缝隙，应贴上塑料布、报纸等，达到密封程度。

b. 辅助其他消毒方法　熏蒸消毒只能对物体表面进行消毒，

因此，在熏蒸消毒之前应选其他消毒药进行喷雾消毒，这样消毒后的效果会更好。

c. 消毒用容器尽量选用非金属材料，并且体积要大　为减少药物同金属发生反应，选用容器以非金属为好，如陶瓷类。高锰酸钾和福尔马林混合后反应剧烈，释放热量，一般可持续 10～30 分钟，因此，消毒药品的容器应够大，并且要耐腐蚀，这样才能增加药效。

d. 舍内要保持一定的温度和湿度　一般雏舍在熏蒸消毒前温度不应低于 18℃，相对湿度以 65%～80% 为好，不宜低于 60%。当舍温在 25℃，相对湿度在 75% 以上时，消毒效果会更好。

e. 熏蒸药物的配比应合理　福尔马林（毫升）与高锰酸钾（克）比例为 2∶1。通常是福尔马林 30 毫升/立方米，高锰酸钾 15 克/立方米和水 15 毫升/立方米来计算所用药量。发生过疫病的鸡舍，熏蒸药物的用量可以加倍。

f. 消毒时要保证人及雏鸡安全　在具体消毒操作时，先将水倒入陶瓷或搪瓷容器内，然后加入高锰酸钾，搅拌均匀，再加入福尔马林。人马上离开，关好舍门。熏蒸时由里向外进行，以便操作人员能迅速撤离。操作人员要戴好手套、口罩，穿上胶靴，避免药液与皮肤接触。

g. 保证熏蒸消毒时间　一般要求熏蒸消毒在 24 小时以上，如果进雏鸡不急的话，可密闭 14 天。

②三氯异氰尿酸制剂熏蒸消毒法：与福尔马林、高锰酸钾熏蒸消毒作用相似的熏蒸消毒制剂很多，主要有二氯异氰尿酸、三氯异氰尿酸等。三氯异氰尿酸效果好些，它的制剂比较多（包括超强烟熏炝、烟雾弹、干干净净等）。有塑料瓶包装，也有袋装。这类熏蒸消毒剂除主要成分外，还有辅料。用法、用量按产品说明书要求执行。

福尔马林、高锰酸钾熏蒸消毒法应用历史较长，消毒效果较好，但花钱较多。三氯异氰尿酸制剂熏蒸消毒法，使用方便，效果也比较好。在没有发生疫情的养鸡场，选用其中一种方法进行消毒即可。

（3）清洗器具 把饮水器、料桶等，用消毒药液清洗干净，干燥备用。

3. 二次熏蒸消毒

（1）在进鸡前 5～10 天进行消毒。

（2）把洗刷干净的饮水器、料桶、垫料等物品放入舍内进行熏蒸消毒。

（3）消毒方法、熏蒸用药品、操作方法、封闭时间同上一次一样。

（4）通风后每 3 天用消毒液对舍内进行喷雾消毒一次，直到进鸡为止。

要注意对消毒液的选择。在选择消毒药时，要将 2～3 种不同成分的消毒药交替使用，尽量选择气味小、对雏鸡呼吸道刺激性小的消毒药。

（三）饲养方式

肉用仔鸡的饲养方式有多种，主要是塑料网上饲养、厚垫料散养、笼养等。也有多种方法混用的饲养方式。

1. 网架饲养肉鸡

网架饲养肉鸡是指在塑料网上群养肉鸡。在离地面一定高度架设金属支架或水泥支架，上面铺上塑料网，在网架上养鸡。有的小规模养鸡户采用木条、细竹、毛竹片编成栅状板块铺设。商品肉鸡至出栏都在网上活动。种鸡采食、休息、交配、活动都在网架上。这种饲养方式清洁、卫生，可防止病菌感染，同时，也减轻了饲养劳动强度，还可提高饲养密度（每平方米可饲养商品肉鸡 10 只左右，种鸡 6 只左右）。不足的是，种鸡在网上配种困难，影响到受精率，也易发生腿病和胸囊肿病。

实践证明，网架饲养肉鸡，是较为合适的饲养方式。

（1）网架饲养的特点　网架饲养优于地面平养。首先，网架养殖使鸡群脱离地面，避免了与地面排泄物的接触，这就降低了大肠杆菌病、球虫病等病的发病率。其次，清理鸡舍粪便方便，能有效地降低劳动强度，减少劳动时间。

网架养殖优于笼养。网养肉鸡设备简单，造价低，一般每饲养 100 只鸡的设备投入在 30~40 元。而笼养设备的投入按现在的市场价算，最低也得 200 元。网养肉鸡，网面比笼柔软，活动场所开阔，鸡只活动范围大，肉鸡常见的腿病、脓胸出现的比例要比笼养小得多。

（2）网架养殖技术要点

①鸡舍的搭建：鸡舍最好选在远离村庄、地势略高、通风条件好的地方，无论建石棉瓦房还是平房，房屋都不能太低，太低的房屋冬天保温差，夏天隔热差。房顶设天窗，墙根留通风口，门窗不能太小，房舍的跨度最好在 5 米以上。

②取暖加温：温度是提高肉鸡成活率的关键。鸡舍建成后，加温设备最好用地炕。地炕的火炉应建在靠近房门一侧的山墙边，火龙进屋后分左右两叉，到另一侧山墙汇到一起，从墙外烟囱排出。火炉距左右两侧墙壁在 0.75~1.50 米。

③网架的搭建：鸡网一般距地面 1~1.2 米，靠房屋两边，在火龙的正上方，中间留 0.5~0.75 米的走廊，以便于清粪、添食加水等工作。架子用直径为 2~2.5 厘米的竹竿或木棍搭建，以能承受成鸡的体重为宜。

（3）进雏前的准备　新建鸡舍，只需用消毒药简单地喷洒一次就可以了，例如用碘制剂、氯制剂喷雾。若是老鸡舍，先把鸡舍设备仔细刷洗干净，再用 2% 氢氧化钠溶液喷洒，然后用高锰酸钾、甲醛熏蒸，最后再用消毒药喷雾。全部消毒完毕，开始点火预温，使育雏范围的温度达到 32~35℃。预热时间要视季节和外界气温而定，一般冬季预热 2~3 天，春秋 2 天，夏季 1 天即可。要随时检查温度计，观察温度是否合乎要求。火炉预温要防止煤气中毒。

2. 厚垫料群养

很多专业户饲养肉用仔鸡，采用厚垫料群养的方法。它的主要优点是设备投资少，简单易行，管理也较方便，可减轻胸部囊肿和腿病的发生。缺点主要是球虫病难以控制，药品和垫料费用较多。

厚垫料散养是在舍内地面上铺 10～15 厘米左右厚的垫料。在饲养过程中，要加强垫料的管理，垫料厚度大体一致，表面要平；垫料要保持干燥，要及时更换水槽周围的潮湿垫料；要防止垫料表面粪便结块，要适当地用耙齿将垫料抖一抖，使鸡粪落在下层，这样能经常保持垫料松软干燥。

肉鸡出栏后将粪便和垫料一次清除。

3. 地面和网架相结合平养

一般是采用鸡舍内设立网架（高度为 20 厘米左右），舍外设置运动场；或舍内一半立网架，一半普通地面。前一种方法较好，这种饲养方式可使种鸡在网架上采食、休息，在地面上活动、交配，既保留了地面平养和网架平养的优点，又克服了交配困难，有利于提高受精率。同时，也避免了由于长期栖息在网架上而引起腿病和胸囊肿的发生。虽然这种饲养方式造价较高，但长期使用还是合算的。

（四）饲养技术

1. 饮水

肉用雏鸡进入育雏室稍微休息后，即行饮水开食。及时饮水加速体内残留蛋黄的吸收利用，有利于雏鸡的生长发育。加之，雏室内温度较高，空气干燥，雏鸡呼吸要散发大量的水分。长时不饮水，会使雏鸡发生脱水现象。雏鸡生长发育需要大量水，因此，在整个育雏期内都应保证清洁饮水，并昼夜不断。

第一次给肉用雏鸡饮水通常称为"开水"。开水最好用温开水或供 5% 葡萄糖水，还可在糖水中添加 0.2% 的维生素 C，以恢复体力，增加肉用雏鸡的抗病力。雏鸡有时带有沙门菌等致病菌，在最初几天饮水中还可加入育雏专用药品，以起到消毒饮水、治疗疾病和促进胎粪排出的作用。

饮水器应均匀分布在育雏室内并靠近光源或放在保姆伞4周。饮水器应每天清洗一次，每周消毒一次。要防止断水，应做到饮水不断，以便肉用雏鸡随时自由饮用。间断给水会使鸡群干渴而抢水，容易使一些肉用雏鸡被挤入水中淹死，或者使许多雏鸡弄湿羽毛，出现发冷、扎堆压死的现象。饮水器的大小及距地面的距离应随雏鸡日龄的增长而逐渐调整。

在不断水的前提下，前两周每70只鸡1个饮水器（容量为4千克），以后改用水槽时每只鸡应占2厘米的饮水位置；如果用圆钟式自动饮水器，则每个饮水器可供100～120只鸡使用。自动饮水器要求数量足且布置均匀，间距大约2.5米。自动饮水器距地面的高度应随鸡日龄的增长不断调整。

2. 开食和喂料

（1）开食　第一次给肉用雏鸡喂料叫开食。一般在雏鸡出壳后24～36小时，当有1/3肉用雏鸡有啄食表现时开食较好。开食太早，影响残留蛋黄的继续吸收，易引起消化不良，对以后的生长发育不利；开食过迟，体内残留蛋黄全部消耗，使雏鸡变得虚弱，影响以后的生长发育和育雏期的成活率。

散养鸡小规模育雏时，可用碎米、碎玉米及蛋黄开食。先用开水将上述饲料烫一下，再用冷水冲一下，饲喂时，要求不烫、不烂、不黏、不硬，呈手捏能成团、松手能散开的状态。每100只雏鸡料中加3～5只除去蛋白的蛋黄。第2天起，可逐步改用雏鸡配合饲料。

大规模育雏时，要直接采用雏鸡配合饲料进行开食。开食时，可把开食料撒在开食盘里或深色塑料布或马粪纸上，让雏鸡自由啄食。初生雏鸡具有较强的模仿性，只要有几只雏鸡啄食，其余的就会跟着学啄食。有些雏鸡不会啄食，只要人工训练2～

3 次就会采食了。开食时，一定要仔细观察，将不会采食的雏鸡捉出单独饲喂，防止因不食而饿死。喂料时要少喂勤添，以防弄脏饲料或雏鸡刨撒造成浪费。要保持室内安静，避免高声和异声刺激。每次喂食时间掌握在 15 分钟左右。要尽可能让雏鸡都能有足够的食槽位置。饮水器和料槽应有一定的距离，防止把饲料弄湿弄脏。

（2）食槽的配备　要使每只鸡都能充分采食，一般第 1 周每 100 只雏鸡配一两个平底料槽（大盘 1 个，小盘 2 个），以后改用料槽，要求每只要占有 5 厘米的位置。如果用料桶则每 50 只雏鸡用 1 个，大鸡每 20 ~ 40 只 1 个。

3. 温度

雏鸡调节体温能力差，育雏期及后来饲养期的温度如何，对中、后期鸡的发育和成活率有很大影响。肉仔鸡大约有 1/3 的时间需要供暖。肉仔鸡对温度非常敏感，不论前期还是后期，温度都具有同等的重要性。

1 日龄的肉仔鸡温度一般要求 34 ~ 36℃，依具体情况可稍稍浮动。冬季可适当高些，体质疲弱也可酌情提高 1 ~ 2℃。第 1 周 30 ~ 32℃，其中入舍第 1 天可以达到 33 ~ 36℃，第 2 周 27 ~ 29℃，第 3 周 24 ~ 26℃，第 4 周 21 ~ 23℃，以后保持 20 ~ 21℃；也有报道肉仔鸡饲养的温度为第 1 周 35℃左右，第 2 周 32 ~ 30℃，第 3 周 30 ~ 27℃，第 4 周 27 ~ 21℃，以后保持 21 ~ 20℃。

在保证温度供给的同时，还应同时考虑到肉仔鸡在适宜温度范围内变温比恒温生长快、脱温后舍内温度要求仍然高的特点，积极采取措施，使舍温有一个理想的变动范围，在不同时间造成适当温差。脱温后保持舍内 20℃左右。

通常情况下，鸡只的表现可反映鸡舍温度的情况。温度适宜，鸡群分散均匀，食欲旺盛，雏鸡安静地休息或来回跑动，羽毛光顺；温度过低，雏鸡闭眼尖叫，分群挤堆，挤向火源或光亮的地方；温度过高，鸡只张开双翅喘气，不愿采食，饮水量增加。

4. 密度

肉鸡的饲养密度通常用每平方米的鸡只数来表示，但应同时考虑每只鸡占有食槽和水槽位置的余缺。肉仔鸡早期体重较小，饲养密度较大，入雏时每平方米可养到 30 只，后期随着体重的增长，饲养密度相应缩小，寒冷季节密度适量放大，温暖季节可降低。通风条件好，密度可高一些，反之则低；网上饲养密度可大些，平养则小些。生产实践中应根据实际情况适当调整。

饲养密度直接影响肉仔鸡的生产性能。密度大，舍内空气污浊，卫生条件不良，抢食抢水，饥饱不均，发育不齐，鸡容易患病和发生啄癖，空气污浊是诱发腹水症的因素之一；密度过小，鸡生长发育良好，但不易保温，浪费人力和物力，增加了饲养成本。肉鸡饲养密度见表 6 - 3。

表 6 - 3 肉鸡饲养密度　　　（单位：只/平方米）

体重 （千克/只）	厚垫料群养	爱拔益加 公司推荐	体重 （千克/只）	厚垫料群养	爱拔益加 公司推荐
1.4	14	18	2.7	7.5	9
1.6	11	14	3.2	6.5	8
2.3	8	11			

二、优质肉鸡的饲养管理

（一）山地放养

利用山地、林地中野草、树叶丰茂的特点和优势，结合人工种草，在山区可以大力发展具有特色的优质肉鸡养殖。前期为舍饲养殖，后期为放养加补饲方式。山地养鸡饲养周期一般为 90 ~ 120 天。

遵循鸡与自然和谐发展的原则，把优质肉鸡放在草地、草山、草坡、林地中放养，以采食鲜草、野果、蚱蜢、蚂蚁、蚯蚓及昆虫为主，同时合理补喂饲料。鸡的活动空间大，圈舍空气清新，机体健康、抗病力强、成活率高。既利用了部分山地自然资源，降低了饲养成本，又改善了鸡肉品味。养出的鸡羽毛光亮，冠头红润；肉色更黄，皮薄骨细，脂肪适中；肉味独特，肉质鲜嫩，鸡味更浓，受到消费者欢迎。

1. 选好场地

鸡棚可以建设成固定鸡棚（舍），也可以建塑料大棚（见果园放养部分）。鸡舍宜选在自然环境优良，没有污染源，地势为5°~15°的坡地，同时又要选择在背风向阳、干爽、宽阔、水源充足、排水良好、青草丰富的地方。场中建有防晒、防雨的场地围栏和空中覆网设施。

2. 育雏

小鸡孵出后1~28日龄为育雏阶段，必须在温室饲养，这是提高成活率的关键。

（1）准备工作

①消毒：在进雏前2~3天，对育雏室、储料库、用具彻底清洗及消毒，一般采用福尔马林、高锰酸钾，兽药市场上销售的"烟雾弹"（主要成分三氯异氰尿酸钠）等烟熏消毒剂，使用方便，效果也不错。

②升温：在雏鸡进舍前24小时进行育雏室升温预热，温度以30~32℃为佳，雏鸡到达的时候要达到35℃。

雏鸡到达后，将雏鸡从雏鸡箱中取出，清点雏鸡数后，迅速放入育雏舍内。检查雏鸡状态，健康鸡一般大小均匀、整齐，手感有力，叫声响亮，神情十分警觉，羽毛饱满，光华亮丽，不干燥，不脱水。雏鸡开始活动后，先给饮水，后进食。

（2）育雏的具体要求

①密度：育雏以地面平养和网上平养方式为主，育雏室面积0~14日龄可按每平方米35~50只，15~28日龄按20~30只计算。室内建有火道或红外线等设施，用以提高育雏室温度。

②温度、湿度：由于雏鸡体温调节机能不完善，既怕热又怕

冷，对温度要求严格，切忌忽高忽低。一般 0 日龄 33~35℃；1~7 日龄 30~33℃；8~14 日龄 27~30℃；15~21 日龄 24~27℃；22~28 日龄 20~24℃；29~35 日龄 17~20℃。湿度应保持在 60%~65%。

③饮水：饮水一般在雏鸡入舍开始活动时，水温要接近室温，以 18~20℃为宜，在水中加入适量抗生素和 5%葡萄糖，或多维加诺氟沙星，以增强抵抗力。

④进食：雏鸡在饮水后 2~3 小时，开始喂全价料，一般把饲料撒在垫纸上，少加勤添，每 2 小时喂一次，每次让小鸡在 20 分钟内吃完。每次添料时，要清除纸上、进食盘中的粪便、剩料和垫料。

⑤光照：光照能方便小鸡充分吃料和饮水，促进生长发育。1~2 日龄光照保持 24 小时；3~7 日龄保持 20~22 小时；8~14 日龄 16~18 小时；15~21 日龄 15 小时；21 日龄 8~12 小时为宜。光照强度一般按每平方米 1~3 瓦计算，过强易引起啄癖。0~3 天用 40 瓦灯泡，3 天后用 25 瓦灯泡照明即可。

⑥通风换气：小鸡代谢旺盛，呼出二氧化碳多，鸡粪中 20%~25%物质能产生氨和硫化氢等有害气体，影响雏鸡正常发育，所以通风换气很重要。一般在中午时进行通风换气最好，可预防感冒，冬季一般每小时换气 3~5 分钟即可。

⑦用具消毒：坚持每天两次对饮水器等设施进行清洗消毒，每 2 天用 5%百毒杀消毒地面一次。

3. 建放养棚放养

雏鸡脱温以后，即可放养。

（1）建放养棚　放养棚一般宜建在通风、干燥、冬暖夏凉、坐北向南的地方。放养棚一般可按每平方米 10~12 只计算，棚檐高 1.2~1.5 米，中间 1.8~2.5 米，两侧开出入口，供饲养人员、小鸡群出入，四周有排水沟，棚内有食槽、料桶、饮水器等，放养场地四周设围栏，防止鸡逃跑，并防止挤压、兽害。

（2）放养引导　利用鸡的反射条件，采用吹口哨、敲锣、打鼓等方式，在采食时段进行补料和放养鸡归舍训练，培养鸡的良好习惯。

（3）放养密度和时间　根据外界气温条件决定适宜放养的密度和时间，一般最佳季节选在 4～10 月，这时气温适中，风力不强，能充分利用较长时间自然光照，有利于鸡的生长发育。在28 日龄后把鸡赶出育雏室，进入放养场地放养。密度按每 667平方米饲草地每批放养 300～500 只为宜。

4. 定时补饲

补料时间一般固定在早晚两次进行，35～60 日龄是鸡生长最快时期，食欲旺盛，日补精料 40～50 克；61～120 日龄是促进脂肪沉积、改善肉质和羽毛光泽度的适宜时期，日补精料50～80 克。

5. 加强管理

（1）轮回散养　每处一般饲养 3～4 批鸡为宜，目的是保护生态环境和植被。

（2）免疫、防病　见本书有关章节。

（3）要经常观察鸡群的行为及活动状态　正常情况下，鸡反应敏感，精神活泼，挣扎有力，叫声洪亮而脆短，眼睛明亮有神，分布均匀。如有异常现象可从饲料、温度、疾病等方面进行检查。

（4）观察粪便　正常粪便为青灰色、成形，表面有少量白色尿酸盐。若出现水样则说明饮水过多，血便多见于球虫病或出血性肠炎，白色石灰样多见于鸡白痢等病，绿色多见于鸡新城疫、马立克氏病等疾病。

对弱、残、病鸡及时隔离，发现异常情况及时诊治。

（5）如果有野兽出没，要做好防范工作　在精心管理下，优质肉鸡经过 3～4 个月的饲养就可以上市了。

（二）果园放养

果园放养优质肉鸡季节性强，在果树开花后至霜冻前是放养优质肉鸡的好时机。可以建筑固定鸡舍，也可以建设大棚饲养，还可以建设活动板房饲养。一般饲养 4 个月左右即可以出售。

建在水库一侧的优质肉鸡养殖场，塑料大棚、塑料网围栏、简易鸡舍照片见图 6 - 1；优质肉鸡舍内设置的栖架照片见图 6 - 2。

图 6 - 1　塑料大棚、塑料网围栏、简易鸡舍

图 6 - 2　栖架

1. 建造鸡棚

（1）塑料大棚的建筑方法

①棚址的选择：棚址最好选择在地势开阔、通风良好、靠近水源、土质无污染、远离大道无噪声的地方。凡符合上述要求的，如田间地头、村间空地、果园菜地、河滩荒坡等都可利用，这样可以给肉鸡提供一个适宜的生活环境。

②建筑规格：目前采用较多的是双斜式大棚，棚长20～30米，宽7～8米，呈东西或南北走向，建设面积140～240平方米，可饲养肉鸡1 000～1 500只。

③建棚用料：塑料薄膜比棚长1米左右，比棚宽多2米左右。按棚长30米养1 500只计算，需长4.5米左右的竹竿200根、长8米左右的竹竿20根、砖2 500块左右。另外，需准备适量的细绳、铁丝、麦秸或草苫子。

④大棚组装：大棚两端垒砖墙，一端山墙中间留门，两侧留通风孔，另一端山墙只留通气孔或安装窗户，还要留1～2个烟炉筒孔以供育雏或加温时使用。在两砖墙之间每隔2米埋植一排立柱，中间1根（与棚顶部同高），左右两侧各2根（其中外部2根与棚外侧同高），共计5根，这样纵向立柱共有5排。在每一排纵向立柱顶部用8米长竹竿连接其上。这样，就构成大棚纵向支架。然后用长4.5米的竹竿一组。对节绑牢，横向每间隔30～40厘米，围绑在纵向立柱之上，构成大棚顶部的横向支架。这样，一个完整的大棚支架就建成了。塑料薄膜按长宽的规格事先粘好。盖膜时选择无风雨天气，将膜直接搭在棚架上。然后在塑料薄膜上加盖10～20厘米厚的麦秸或其他杂草（为了防止草下滑，可用塑料网罩住）。其上再加一层草苫子或油苫纸，纵横加铁丝埋地锚加以固定。棚顶部每隔3～4米安置一个直径40～50厘米可调节的排气孔。棚的四周挖上排水沟，以利雨季排水。

（2）移动鸡棚的建筑方法

所谓移动鸡棚，其实是一座用竹、木、薄膜等材料搭建的易拆、易移动的棚子，其建造可就地取材。

①用大竹或木条搭建一个长 8 米、宽 4～5 米、高 1.8～2.2 米的框架，并在中间开一个门，门宽 0.8 米（两边不用留窗）。

②用旧渔网将其四周及顶部围起、固定，并用厚黑膜覆盖。

③鸡棚的地板用竹或树枝以 1 厘米间隔铺设后，再将鸡棚的底部用砖块垫高 10～15 厘米，鸡棚即可投入使用。

每座鸡棚放置地应选在避风向阳、地势较平坦、不积水的草山草坡，旁边应有树林或果园，以便鸡群在太阳猛烈时到树荫下乘凉；还要有一片较平坦开阔的地带，最好有丰富的青草、沙粒，让鸡自由地栖息和啄食。

2. 放牧饲养

根据放牧地的气候条件、天气变化状况，将小鸡饲养至 30 日龄左右，体重在 0.35～0.4 千克时开始进行放牧饲养。也可从大型育雏场直接购进已育好的雏鸡进行放牧饲养。

为使优质鸡在 100～120 日龄时体重达到 1.5～2 千克的上市标准，放养的同时要供给全价饲料。

参考配方：玉米粉 57.7%、麸皮 14%、豆饼粉 18%、鱼粉 6%、滑石粉 2%、贝壳粉 2%、食盐 0.3%。

放养期的喂养应遵循"早宜少，晚适量"的原则，同时考虑幼龄小鸡觅食能力差的特点，酌情加料。要做到少给勤添，忌在槽内剩料，以免变质引发疾病。

要注意将鸡按强弱分群、分批放养，放养规模一般以每群 500～1 000 只为宜，规模过大不易管理，过小则成本高，收益低。

3. 防疫消毒

（1）防疫　不要认为养鸡区与居民区或其他鸡场的距离远，而忽视防疫，同样要制定科学的免疫程序。做法是：雏鸡 1 日龄注射马立克氏病疫苗，7 日龄用新城疫Ⅳ系加传支滴鼻，14 日龄法氏囊疫苗 2 倍液饮水，25 日龄注射新城疫油剂疫苗，同时，防治大肠杆菌病、球虫病等病。

（2）消毒 消毒是切断疫病传播的有效途径。在每批鸡出售后彻底清除鸡棚和"野地"粪，然后用消毒剂泼洒消毒。

4. 果园放养优质肉鸡注意事项

果园放养优质肉鸡，每饲养1~2批鸡要将鸡棚迁移至另一个新的地方，即给"搬家"，这样不但能有效减少鸡群间病的传染机会，而且能通过鸡群的活动，减少果园病虫害。此外，由于广大消费者大多喜欢鸡皮呈黄色，因此，要选养优质黄羽鸡，不要选养杂毛鸡。

果园有时要喷洒敌百虫等农药。鸡对敌百虫特别敏感，要特别注意。

果园放养优质肉鸡还要预防雷雨、大风等自然灾害的侵害。

（三）圈养优质肉鸡

在林地、果园、草场、水库旁等场所，将优质肉鸡固定在一定的范围内，周围设置围栏饲养。

1. 设备

围栏内建设塑料大棚或者移动鸡棚等设施，作为防风雨和夜里栖息的场所。阴雨天在舍内饲养，好天气在舍外饲养。特点是范围小，便于管理。

塑料大棚（建设方法见果园放养）饲养优质肉鸡有以下特点。

（1）投资少见效快 目前建设一个饲养1 000只肉食鸡用的大棚只需投资2 000元左右，其造价仅是砖瓦结构鸡舍的20%~25%。一般每个鸡棚饲养两批肉鸡，即可收回全部鸡棚投资。

（2）能为肉鸡提供较好的生长环境 春秋两季利用塑料薄膜的"温室效应"，能提高棚温，节省能源，提高饲料转化效率。夏天在大棚顶部盖上草苫子或秸秆，具有较好的隔热效能，通风时将两侧敞开，扯上挡网，能起到很好的防暑效果。

（3）棚舍利用率高，经济效益好 大棚饲养优质肉鸡一般采用地面厚垫料平养。舍内饲养每平方米可养 8~12 只；舍内外结合饲养，每平方米可养 15 只以上。棚舍利用率较高。

2. 育虫养鸡

圈养优质肉鸡可以育虫养鸡。虫蛆是高蛋白活体饲料。优质肉鸡吃虫蛆不仅肉质好，还可提前 10~15 天出栏。育虫所用原料成本仅为常规饲料的 5%~25%，增重速度更快，可大大提高经济效益。

（1）麦糠育虫法　在庭院角处堆放两堆麦糠，用碎草与稀泥巴混合均匀糊起来，数天后即生虫，轮流让鸡啄食虫子，食完后再将麦糠等集中起来堆成堆照样糊草泥，又可生虫。

（2）稻草育虫法　挖宽 0.6 米、深 0.3 米的长方形土坑，将稻草切成 6~8 厘米长，用水煮 2 小时，捞出倒入坑内，上面盖 7 厘米塘泥、垃圾等，将盖泥压实，每天浇一盆洗米水，经过 8 天即生虫蛆。翻开让鸡啄食后再盖好覆盖泥巴，浇上洗米水，又可生虫。

（3）牛粪育虫法　牛粪加入 10% 米糠和 5% 麦糠拌匀，堆在阴凉处，盖上杂草、秸秆等，用污泥密封，过 20 天即可生虫。

（4）混合育虫法　挖深 0.6 米土坑，底铺一层稻草，草上铺一层污泥。如此层层铺到坑满为止，每天往坑里浇水，经 10 余天即生虫。

（5）豆腐渣育虫法　将 2 千克豆腐渣倒入缸内，倒入洗米水，盖好缸口，过 5~6 天即生虫，再过 3~4 天蛆虫长大即可让鸡啄食。用 6 只缸轮流育虫，可满足 50 只鸡食用。

（四）笼养优质肉鸡

肉鸡笼养有单层笼养和多层笼养两种形式。

1. 单层笼养

单层笼养是在鸡舍内只设一层鸡笼。这种鸡笼高度一致，温度、光照、通风都较均匀。喂料、清粪、观察鸡群比较方便，鸡的生长发育和生产性能发挥比较稳定。单个笼体一般高 35~40

厘米，宽 53~60 厘米，长 70~90 厘米，能饲养商品肉鸡 12~15 只。鸡笼侧壁栅隙应制成活动调节的，以便随肉鸡成长而调节大小。幼雏期栅隙为 2.5 厘米，肥育期为 5 厘米。笼门能上开下关，便于进鸡和捉鸡。底网孔大小适中，幼雏期为 1 厘米×1 厘米，中雏期为 2 厘米×2 厘米，以鸡的粪便能够漏下，又不损害鸡爪为准。笼底空隙较大，可以铺塑料网。市场上有多种塑料网，可以根据需要购买。铺塑料网养鸡，可以减少胸部囊肿和腿病的发生。

2. 多层笼养

多层笼养的笼体设置形式有重叠式、全阶梯式、半阶梯式和综合式等多种。其中，以重叠式和全阶梯式用得较普遍。但应根据本地气候条件、资金、设备和鸡舍形式等确定采用哪种形式。

笼养主要适用于采用人工授精的种鸡场。

第七章 肉鸡常见疾病的
无公害防治技术

第一节 肉鸡疾病无公害防治的原则

一、肉鸡疾病预防的基本原则

"预防为主、养防结合、防重于治"是肉鸡疾病防治的基本原则。我们将其归纳为"种、料、防、病、管"5个方面。

（一）种

选择抗病能力强、生产性能好的鸡种，从饲养管理规范、鸡病少、信誉度高、售后服务好的种鸡场进雏鸡，可以起到事半功倍的效果。

（二）料

根据不同鸡种、不同日龄的要求，供给按科学配方的营养全价饲料，这样不但可以提高经济效益，还可以提高机体的抵抗力，减少疫病的发生。

（三）防

防疫工作是养鸡管理的重要内容之一，在防疫工作中最为重要的一个环节就是免疫程序的设计和调整。设计一个适合本场合理的免疫程序要参照众多的因素，各个国家、地区乃至各个鸡场的程序不能千篇一律，一个程序应用一段时间后，应根据免疫效果、疫病在该地区的流行情况、免疫当时的鸡群状况进行调整，不是一成不变的，免疫程序的设计一般要参照下列因素。

1. 根据当地及邻近地区疫病流行情况选定免疫病种

本地没有发生的疫病不能盲目用苗，以免带来疫源（如喉气管炎)。一般来讲，免疫的病种主要指那些在本地有流行的、有可能暴发流行的和正在邻近地区流行的或传染源很难根除的疫病。

2. 根据鸡群抗体水平决定免疫时机

机体内的抗体依据来源不同可分为两类，一类是先天获得，即母源抗体，其从出生之日起就存在，几日后达到高峰而后逐渐消失。另一类是通过后天免疫或感染获得的，其在体内存在的时间比母源抗体要长、水平要高。幼龄鸡因免疫器官发育不健全，故免疫水平和存在时间较成年鸡为短。在鸡体内抗体水平较高时接种疫苗，抗体可中和接种的弱毒疫苗，因此，免疫效果不理想，易造成免疫失败，甚至造成免疫空白期而感染发病；但抗体水平过低时免疫亦不妥，一般弱毒苗免疫后7天才产生抗感染免疫力。在有病毒存在的情况下，这段时间为危险期，因此，免疫应选择在抗体水平降到保护临界线时进行。科学的免疫程序应该在抗体水平监测下进行，无条件的场户只能根据抗体的消长规律而定，或根据上几批鸡的免疫和发病情况进行调整。

3. 不同的疫病有其发生发展规律

有的疫病对各种年龄的鸡都有致病性，而有的疫病只危害一定日龄的鸡，如新城疫、传支对各种日龄的鸡都易感，法氏囊主要危害雏鸡、青年鸡，因此，不同的疫病疫苗在鸡的不同日龄免疫，而且每种疫病免疫时间设计应在本场发病高峰前一周。这样既可减少免疫次数，又可把不同的疫病的免疫时间安排分隔开。

4. 疫苗类型不同其免疫期与免疫途径也不一样

现市售的疫苗主要有弱毒苗、中等毒力苗、灭活苗。活疫苗一般是减毒苗或天然弱毒苗，其在体内可以繁殖，因此，可以提供强而持久的免疫力，但毒力强的活苗未完全丧失感染力，在选择和使用时要注意。活苗受母源抗体的干扰和活苗间存在相互干扰现象，故程序的设计和各种疫苗间的间隔时间就尤为重要。一般来讲，肉鸡多用毒力较弱的疫苗，母源抗体较高的鸡群用中等毒力的疫苗，各种疫苗免疫需间隔至少4天以上。

建议在疫苗的种类选择上，选择规范厂家提供的弱毒疫苗进行基础免疫（首免），选用中等毒力苗或灭活疫苗进行加强免疫。对于一些血清型变异较大的疾病，如传支、法氏囊炎等选用地方毒株与科研单位配合制备灭活疫苗进行加强免疫。

5. 相同的疫苗免疫途径不同所产生的免疫力也不一样

一般活苗适于喷雾、滴鼻、点眼、饮水、刺种、注射，灭活苗只能肌内或皮下注射。喷雾免疫反应最强烈，免疫效果也较好，但对雾滴的大小、免疫时室内的温度、湿度等要求较高，现只有规模较大的肉鸡场在应用。滴鼻、点眼可提高局部黏膜抵抗力，防止病毒入侵。饮水是免疫效果最差的方法，仅适于环境好、发病少的地区。注射免疫的鸡群免疫效价比较均衡一致。

6. 根据生产需要的不同其免疫病种和方法也有不同

肉鸡生产周期短，一般免疫次数和免疫病种较少。

7. 免疫监测

有条件的场、户应在免疫前和免疫后15天进行两次免疫监测，如免疫后的免疫效价比免疫前高出2个滴度以上，说明此次免疫成功，效果不理想时应重新调整免疫程序。

8. 免疫前要检查鸡群状况

患病鸡群免疫效果受影响；已患病鸡群紧急免疫后，最好根据免疫效价的监测调整以后的免疫程序。

（四）病

一旦鸡群发病，首先应立即隔离病鸡，全场消毒，并尽快确诊，自己不能确诊的要立即送检。送检时应将鸡只日龄、生产性能、防疫情况、发病及死亡率、临床症状、用药情况以及周围养鸡场、户的疫病流行情况等相关情况全面提供；选择刚刚死亡的鸡只和症状较为典型的鸡只4羽以上送检，选择的鸡只要有代表性，不能只带残、弱鸡只。确诊后，送检人员回场前要进行严格的消毒，以防带回其他疫病。按诊断的病种对鸡群进行防疫和投药，紧急防疫时先防健康鸡只，后防发病鸡只，以防接种工具消毒不严造成疫情扩散。

（五）管

加强饲养管理，增强鸡群抵抗力，养防结合是控制疾病的基础。全面、合理的管理是提高效益的保证。供给全价的饲料，创造适合鸡群生长、发育、生产的环境，制定并执行一套生产管理技术，以能充分发挥该品种的最好生产性能。提倡采用"全进全出"的饲养方式。每批鸡全出后，鸡舍及饲养工具，需经清扫、冲洗、消毒，并空闲一周以上，再次消毒后才能进下批雏鸡。

养殖小区各栋间饲养人员、工具等不能随意串换，用过的料袋需经严格的消毒方能重复使用；清除粪便要有专门通道并经常消毒；病死鸡要及时做无害化处理，焚烧或深埋，不能乱扔，更不能在舍内或门前剖检。

养鸡专业村鸡的粪便不能及时处理的，要堆积发酵，最好外附一层塑料薄膜或上面喷洒消毒药消毒，以减少道路和空气污染，减少疫病流行。

对收购鸡及其产品的车辆、蛋箱、鸡笼等进行严格消毒后方能进入，最好在区（村）外设置销售点，由养殖户送到点上销售。严禁收购病死鸡只的不法分子进入小区或养殖村，也严禁养殖户销售病死鸡只。

建立疫情报告制度，区（村）内不论谁家鸡只发病，应做小范围的封锁，并通报所有养殖户采取防范措施，以减少全区的损失。

加强与当地兽医防疫部门的联系，及时了解全县，乃至全市的疫情，以便制定本区（村）的防疫措施、免疫病种，防患于未然。

二、肉鸡疾病治疗的基本原则

对于细菌性传染病、寄生虫性疾病，除加强消毒、用疫苗免疫预防外，还应注重平时的药物预防和治疗。在一定条件下采用药物预防和治疗是预防和控制鸡疫病的有效措施之一。

（一）药物的选择

用于治疗肉鸡疾病的药物有许多，一种疾病有多种药物可供选择，在实际工作中采用哪一种最为恰当，可根据以下几个方面进行考虑。

1. 敏感性好

药物对治疗鸡病发挥着巨大的作用，但又常常导致耐药性菌株的产生，使药物对治疗鸡病无效。所以，在选择药物时，首先应通过药敏试验，选择敏感性好的药物，以减少无效药物的使用。

2. 副作用小

有的药物疗效虽好，但毒副作用严重选择时应予以放弃，而选择治疗效果好，毒副作用小的药物。

3. 残留少

药物的应用会在肉鸡的体内残留，人若长期食用这类鸡肉，会严重影响人的身体健康，因此，应选择药效高、残留少的药物。

4. 经济易得

肉鸡通常为集约化饲养，数量较多，发病后用药量大，所以，应选择疗效作用明显，又价廉易得到的药物，以增加总体效益。

（二）药物的主要使用方法

1. 混于饲料

这是集约化养鸡场经常使用的方法，适合于长期用药、不溶于水的药物及加入饮水中适口性差的药物。拌料时必须确保药物和饲料混合均匀，在没有拌料机的情况下，一般的做法是先把药物和少量饲料混合均匀，然后把这些混有药物的少量饲料加入到大批饲料中，继续混合均匀。

2. 溶于饮水

此法也是集约化养鸡场经常使用的方法。这种方法适合于短期用药、紧急治疗投药、鸡发病后不能采食但能饮水时投药。对不溶或溶于水的药物，或虽然易溶于水，但饮后不能从消化道吸收进入血液中，对消化道以外的病原菌不起作用的药物不能经饮水投药。为了避免药物在水中被破坏要求在半小时内饮完。药物溶于饮水时，也应由小量逐渐扩大到大量，尤其不能向流动着的水中直接加入药物的粉剂或原液，取样无法计算，不能保证药物的准确剂量。

3. 注射

对于难被肠道吸收的药物进行体内注射，为了获得最佳的疗效，常用注射法给予。对鸡来说，常用的注射法是皮下注射和肌内注射。用这种方法的优点是药物吸收快而完全，剂量准确，药物不经胃肠道就可进入血液中，可避免消化液的破坏。适用于逐只治疗，尤其是紧急治疗。

4. 体表用药

如鸡患有虱、螨、蜱等外寄生虫，啄肛、脚垫肿等外伤，可在体表涂抹或喷洒药物。

5. 蛋内注射

此法是把有效的药物直接注射入种蛋内，以消灭某些能通过种蛋垂直传播的病原微生物，如鸡白痢沙门氏菌、鸡败血霉形体等。此法也可用于孵化期间胚胎注射维生素 B_1，以降低或完全防止那些因种鸡缺乏维生素 B_1 而造成的后期胚胎死亡。

6. 药物浸泡

浸泡种蛋用于消除蛋壳表面的病原微生物，其方法是：首先将种蛋洗涤，然后将种蛋浸入一定浓度的药液中，浸泡 3～5 分钟即可。药物可渗透到蛋内，杀灭蛋内的病原微生物，以控制和减少某些经蛋传递的疾病，其方法是用真空浸蛋法或变温浸蛋法。

第二节　肉鸡常见疾病的防治技术

一、细菌性与真菌性疾病的防治

1. 鸡白痢

鸡白痢是由鸡白痢沙门氏菌引起的鸡的一种败血性传染病。本病特征为幼雏感染后常呈急性败血症，以精神倦怠、拉白痢为特征，发病率和死亡率均高；成年鸡感染后，多呈慢性或隐性带菌，可随粪便排出。因卵巢带菌，严重影响孵化率和雏鸡成活率。

【临床症状】本病在雏鸡和成年鸡中所表现的症状和经过有显著的差异。

（1）雏鸡　用带菌蛋孵化时，死胚和弱雏增加，雏鸡出壳后1～5天内死亡率高，弱雏增多。孵化后在孵化器或育雏初期感染的鸡，多在出壳后4～5天出现明显症状。7～10日龄后，雏鸡群内病雏逐渐增多，到第2～3周龄时达到高峰。

急性病例常无明显症状而迅速死亡。病情稍缓者表现精神委顿，绒毛松乱，两翼下垂，缩颈，闭眼昏睡，雏鸡怕冷，不愿走动，常拥挤在一起。病初食欲减少，而后停食，多数出现软嗉症状。同时腹泻，排白色、稀薄如糨糊状粪便，肛门周围绒毛被粪便污染，有的因粪便干结封住肛门周围，俗称"糊屁股"。进而导致排粪困难，雏鸡排粪时常发生"吱吱"的叫声，最后因呼吸困难及心力衰竭而死亡。有的病雏出现眼盲，或肢关节呈跛行症状。病程1～7天，死亡率可达40%～70%。4周龄以上发病的鸡极少死亡，耐过后生长发育不良，成为慢性带菌者，多数成为僵鸡。

（2）中鸡（育成鸡）　该病多发生于40～80日龄的鸡，地面平养的鸡群发生此病较网上和育雏笼育雏育成鸡发生的要多。育成鸡发病多有应激因素的影响，如鸡群密度过大、环境卫生条件恶劣、饲养管理粗放、气候突变、饲料突然改变或品质低下等。本病发生突然,全群鸡只食欲、精神尚可,总见鸡群中不断出现精神、食欲差和下痢的鸡只,常突然死亡。死亡不见高峰而是每天都有零星鸡只死亡,数量不一。该病病程较长,可拖延20~30天,死亡率可达10%~20%。

（3）成年鸡　成年鸡常不表现明显临床症状,多呈慢性经过或隐性感染,成为主要的传染源。母鸡产蛋量和受精率下降,孵化率降低,产蛋高峰不高,维持时间亦短,死淘率增高。有的鸡表现鸡冠萎缩,有的鸡开产时鸡冠发育尚好,以后则表现出鸡冠逐渐变小,发绀以后产蛋下降或停止。仔细观察鸡群可发现有的鸡寡产或根本不产蛋。极少数病鸡表现精神委顿,头翅下垂,腹泻,排白色稀粪,产卵停止。有的感染鸡因卵子坠入腹腔而引起卵黄性腹膜炎,腹水增加,出现"垂腹"现象,有时鸡因肝脏破裂或腹膜炎死亡。

【防治】

（1）预防　平时应加强饲养管理,执行严格的消毒制度,防治本病的重要措施。但要彻底根治本病,必须定期进行检测,淘汰带菌鸡,建立无白痢鸡群。

①建立无白痢鸡群:挑选健康种鸡、种蛋,建立健康鸡群,坚持自繁自养,定期采用全血平版凝集试验对鸡群进行检疫净化。第一次检疫必须在16周龄开始,及时剔除阳性鸡,以后每隔1月1次,直到全群无阳性鸡,再隔2周做最后1次检查,如无阳性鸡则为健康鸡群。以后每隔半年检疫1次,凡检出1只阳性鸡,应进行细菌学诊断。如检出本菌则为病鸡群,仍应按上述检疫步骤处理。

②药物预防:在雏鸡开食之日起,在饲料或饮水中添加抗菌药物,一般情况下可取得较为满意的结果。但要注意防止长时间、大剂量使用同一种药物,做到有效药物可以在一定时间内交替、轮换使用,药物剂量合理,防治要有一定的疗程,防止鸡体

产生耐药性。

雏鸡出壳后，用福尔马林 14 毫升/立方米，高锰酸钾 7 克/立方米，在出雏器中熏蒸 15 分钟。用 0.01% 高锰酸钾溶液作饮水 1~2 天。

在鸡白痢易感日龄期间，用庆大霉素（2 000~3 000 国际单位/只，饮水）、丁胺卡那霉素（10~15 毫克/千克体重，饮水）、新霉素（15~20 毫克/千克体重，饮水）及新型喹诺酮类药物等，选用一种药物有利于控制鸡白痢的发生。在上述药物给药时，一般只需投药 4~5 天即可达到预防目的。

近年来，微生物制剂如促菌生、调痢生、乳酸菌等在防治畜禽下痢中有较好效果，具有安全、无毒、不产生副作用、细菌不产生抗药性、价廉等特点。在用这类药物的同时以及前后 4~5 天，应该禁用抗菌药物。经大批量的试验认为，这种生物制剂防治鸡白痢病的效果多数情况下相当或优于药物预防的水平。这类制剂应用前提是必须保证正常的育雏条件，较好的兽医卫生管理措施。与鸡群的健康状况也有一定关系。在使用时应从小群试验开始，按照规定的剂量、方法进行，取得经验后再运用到生产中去。

（2）治疗　因病原菌长期应用某种药物进行预防和治疗易产生抗药性，最好根据药敏试验结果选择高敏药物。临床常用氟喹诺酮类和抗生素等药物对本病治疗有效。药物治疗可减少死亡，但治愈后仍可成为带菌鸡。

丁胺卡那霉素：饮水，每只鸡每千克体重 10~15 毫克，连用 3~5 天。

氟哌酸：饮水，每千克水加 0.1 克；拌料，每千克饲料加 0.2~0.5 克，连用 3~4 天。

2. 鸡大肠杆菌病

鸡大肠杆菌病是由某些血清型的致病性大肠埃希氏菌引起的疾病总称。鸡发生大肠杆菌病时出现多种病型，主要有急性败血型、气囊炎型、脐炎型、眼球炎型、关节炎型、卵黄性腹膜炎型、脑炎型、慢性肉芽肿型等。致病性大肠杆菌还可以穿过蛋壳引起鸡胚感染，导致出雏率下降和弱雏率增多，造成死胚增加，雏鸡发病率升高，是严重危害养鸡业的重要疾病之一。

【临床症状】由于致病性大肠杆菌的血清型较多，可引起多种病型，从而表现出不同的症状。

（1）急性败血型 最常见的一种病型，雏鸡和成年鸡均可发生，但多见于雏鸡和6～10周龄的鸡。发病急，病程短，一般不表现出明显的临床症状而突然死亡。雏鸡发病后表现为精神沉郁，食欲减少，腹泻，排出白色或黄绿色稀粪，呼吸困难，最后衰竭死亡，死亡率一般为5%～20%。日龄较大或成年鸡多在寒冷季节发病，出现流鼻液、打喷嚏、呼吸困难等症状。本型常引起幼雏或成年鸡急性死亡。

（2）脐炎型 主要发生于孵化后期的胚胎及1～2周龄的雏鸡，死亡率为5%～15%。该病型主要通过垂直传染，鸡胚卵黄囊是主要感染灶。鸡胚死亡发生在孵化过程，特别是孵化后期，病变卵黄呈干酪样或黄棕色水样物质，卵黄膜增厚，常表现卵黄吸收不良，脐部闭合不全，腹部胀满、柔软、下垂，俗称"大肚脐"。病雏突然死亡或表现软弱、发抖、昏睡、腹胀、畏寒聚集，拉白色或黄绿色泥土样下痢，多在出壳1周内死亡。感染鸡若不死亡，生长发育则受阻。

（3）卵黄性腹膜炎型 主要发生于产蛋期的成年母鸡。常通过交配或人工授精时感染。多呈慢性经过，其症状为精神沉郁，食欲减退，鸡冠萎缩，呈紫色，不愿走动；伴发卵巢炎、子宫炎。母鸡减产或停产，呈直立企鹅姿势，腹下垂、恋巢，逐渐消瘦。最后完全不能采食，眼球凹陷，因中毒而死，多数不能恢复产蛋。

（4）慢性肉芽肿型 此型在临床上无任何特征性症状，一般表现为病鸡精神沉郁，消瘦，垂翼，冠与肉髯苍白，减食，拉灰白色稀粪，病死率较高，有时可达50%。

（5）气囊炎型 主要发生于3~12周龄幼雏，特别3~8周龄肉仔鸡最为多见。病鸡表现精神沉郁，呼吸困难，消瘦，有啰音和打喷嚏等症状，最后衰竭死亡。

【防治】

（1）治疗 大肠杆菌对常用的消毒药、化学治疗药比较敏感。但近年来，由于滥用药物，特别是在饲料中长期添加低浓度的抗生素或化学抗菌药物，产出了不少耐药菌株，使一些药物的疗效降低或丧失。因此，治疗前最好能将分离出的致病性菌株进行药敏试验，筛选出敏感药物进行治疗。对一些病情危急而未进行药敏试验的病例，可选择下列药物治疗。

庆大霉素：用硫酸庆大霉素针剂，肌内注射，每千克体重1万~2万国际单位，每天2次，连用3天。

氟哌酸或环丙沙星：拌料，每千克饲料加0.5~1克；饮水，每千克水加0.2~0.5克，连用3~5天。

硫酸新霉素：以0.05%比例饮水或0.02%比例拌饲，连用3~5天。

土霉素：拌料，每千克饲料加1~2克，连喂3~5天。

强力霉素：以0.05%~0.2%比例拌饲，连用3~5天。

泰乐菌素：以0.2%~0.5%比例拌饲，连用3~5天。

泰妙菌素：按每吨饲料加125~250克，混饲，连用3~5天。

（2）预防 大肠杆菌是一种环境性疾病，因此，加强饲养管理、搞好环境卫生是预防本病的关键。特别应注意以下几个方面。

①执行严格的消毒制度：对鸡舍和饮水定期消毒。一般来说，春夏季节每天1~2次，秋冬季节隔日1次；搞好孵化过程中的卫生消毒工作，如种蛋、孵化器、孵化过程中的清洁卫生及消毒，以减少感染机会，控制大肠杆菌的传播。

②加强育雏期管理：育雏期间应保持适宜的温度、湿度，通

风要良好，防止密度过大。

③定期用药预防：定期在饲料和饮水中添加上述药物预防大肠杆菌病。

④免疫注射：对一些污染比较严重的鸡场，用药物不能控制本病时，可从本场病鸡或死鸡中分离大肠杆菌，经分离鉴定制成自家（或优势菌株）多价灭活菌苗，对种鸡或雏鸡进行预防注射，可以收到较好效果。一般免疫程序为 7～15 日龄、25～35 日龄和 120～140 日龄各 1 次。

3. 鸡曲霉菌病

鸡曲霉菌病是由曲霉菌属真菌引起多种禽　　哺乳动物和人的一种真菌病，主要侵害呼吸器官。本病的特征是在肺及气囊等脏器上形成米粒般的灰黄色的小结为主，又称曲霉菌性肺炎。

【临床症状】病雏多呈急性经过。雏鸡感染后最明显症状是精神委顿，常缩头闭眼，食欲减退，口渴增加，消瘦，体温升高，呼吸困难，伸颈呼吸，有时张口喘气，干咳，流鼻液，鸡冠和肉髯发绀。后期表现腹泻。在食管黏膜有病变的病例，表现吞咽困难。有时因垫草污染而引起雏鸡一侧性或两侧性眼炎。初期眼结膜潮红、肿胀，继而眼结膜囊内出现干酪样物。严重病例角膜中央溃疡，上下眼睑黏着、闭合。瞬膜亦见充血、水肿。

病程一般在 1 周左右。急性病例多在出现症状后 2～3 天死亡，死亡率为 5%～50%。禽群发病后如不及时采取措施，死亡率可达 50% 以上。

成年鸡感染常呈慢性经过，症状轻微。表现消瘦，体重急剧下降，羽毛松乱、无光泽。全身贫血，鸡冠、肉髯及眼结膜苍白，呼吸时发出短促的尖锐声音。有时出现下痢，产蛋量下降。

【防治】

（1）禁止使用发霉的垫料和饲料是预防本病的关键措施。

（2）加强鸡舍卫生管理，防止病原侵入。保持鸡舍特别是育雏室内的清洁、干燥，温度适宜，光照充足，空气流通。饲槽和饮水器及时清洁、消毒，避免霉菌生长。

（3）发现病鸡及时隔离、治疗，并尽快查明霉菌存在的处所，及时消除病因。

（4）药物治疗

制霉菌素：成年鸡每天每只1万国际单位，雏鸡每天每只0.5万国际单位。每天2次混饲，连用4~7天。

克霉唑：每100只雏鸡每天用1克，混饲，连用3~5天。

硫酸铜：按1：（2 000~3 000）比例自由饮水，连用3~5天。注意不可用金属容器，以免腐蚀。

二、病毒性疾病的防治

1. 禽流感

禽流感是由A型流感病毒感染引起的家禽疾病的总称，根据病情分为两种类型：一种由强毒株引起的急性死亡型，死亡率达40%以上；另一种由弱毒株引起的死亡率低的产蛋下降型，产蛋率下降10%~90%。本病是对养鸡业危害最大的疾病之一，一旦发生，会给养鸡业造成重大经济损失。

禽流感曾经被称为真性鸡瘟、欧洲鸡瘟或鸡瘟。早在1878年意大利最先发现该病，1901年分离出该病病原，1955年证明该病病原为A型流感病毒。1967—1978年在前苏联，1979年在英国、美国，1996年在日本、韩国等均有该病发生。

2. 鸡传染性喉气管炎

鸡传染性喉气管炎是一种由疱疹病毒引起的急性呼吸道传染病。其临床特征是呼吸困难、咳嗽，并咳出带有血液的分泌物。病变特征为喉头、气管黏膜肿胀、出血和糜烂。

【临床症状】本病自然感染的潜伏期为6~12天，感染率为90%~100%，死亡率为5%~70%。由于病毒的毒力不同、侵害部位不同，传染性喉气管炎在临床上可分为喉气管型和结膜型。由于病型不同，所呈现的症状亦不完全一样。

（1）喉气管型　由高致病性病毒株引起的。其特征是高度呼吸困难。抬头伸颈，并发出响亮的喘鸣声，身体随着一呼一吸而呈波浪式的起伏；咳嗽或摇头时，咳出血痰，血痰常附着于墙壁、水槽、食槽或鸡笼上，个别鸡的嘴有血染。将鸡的喉头用手向上顶，令鸡口张开，可见喉头周围有泡沫状液体，喉头出血。若喉头被血液或纤维蛋白凝块堵塞，病鸡会窒息死亡，死亡鸡的鸡冠及肉髯呈暗紫色，死亡鸡体况较好，死亡时多呈仰卧姿势。

（2）结膜型 由低致病性病毒株引起的，其特征为眼结膜炎。眼结膜红肿，1~2天后流眼泪，眼分泌物从浆液性到脓性，最后导致眼盲，眶下窦肿胀。产蛋鸡产蛋率下降，畸形蛋增多。

【防治】凡是耐过的鸡可获得坚强的免疫力，因此，含有母源抗体的雏鸡可有效地抵抗该病的发生。因此，患过该病的鸡一般不再发生该病。母源抗体可通过卵黄被垂直地传给雏鸡，此时接种疫苗，体液中存在的抗体对疫苗病毒建立免疫应答不发生干扰作用，也无不良影响。

未发生该病的鸡场一般不作此病免疫，有本病流行的地区可接种弱毒株疫苗。一般可在30~40日龄进行首免，75~85日龄进行第二次免疫。接种途径以滴鼻、点眼为佳，饮水或喷雾法往往引起不良反应，应引起注意。还应注意新城疫弱毒疫苗对喉气管炎疫苗病毒有一定的干扰作用。因此，两种疫苗不能同时使用，应间隔7天以上为宜。对于发生过该病鸡场应连续使用疫苗进行免疫，才能控制本病的发生。

3. 鸡痘

鸡痘（Fowl Pox，FP）是一种由鸡痘病毒引起的家禽和鸟类的一种急性、接触性传染病。其特征是在病鸡的头部、鸡冠和肉髯等无毛或少毛的皮肤处发生痘疹，或在口腔、咽喉部黏膜上形成纤维素性坏死性假膜。近年来该病流行较多，与葡萄球菌等其他疾病混合感染后，死亡率较高。

【临床症状及病理变化】鸡痘的潜伏期4~10天，根据病鸡的临床症状和病理变化，可分为皮肤型、黏膜型和混合型3种病型。

（1）皮肤型　皮肤型鸡痘的特征是在身体无毛或毛稀少的部位，特别是在鸡冠、肉髯、眼睑和喙角，亦可出现于泄殖腔的周围、翼下、腹部及腿、趾等处形成痘疹。最初可见一种灰白色的小结节，逐渐形成红色的小丘疹，很快增大到绿豆大痘疹，呈黄色或灰黄色，质地硬而干燥，表面粗糙，凹凸不平。有时和邻近的痘疹互相融合，形成干燥、粗糙的较大的痘痂，表面有棕褐色、粗硬的痂皮。以后，痂皮脱落，轻者可不留痕迹，重者则留下疤痕。从痘疹形成到痂皮脱落3~4周。

皮肤型鸡痘一般比较轻微，没有全身性的症状。但在严重病鸡中，尤以幼雏表现出精神萎靡、食欲消失、体重减轻等症状，甚至引起死亡。产蛋鸡则产蛋量显著减少或完全停产。若有化脓菌感染，则出现化脓、坏死，病程可达1~2个月之久。

（2）黏膜型（白喉型）　此型鸡痘的病变主要在口腔、咽喉及气管等黏膜表面形成痘斑。临床表现精神不振，食欲降低，吞咽困难，张口呼吸，有时发出"嘎嘎"声音。

剖检可见，口腔、咽喉及气管的上中部黏膜上形成一种黄白色的小结节，稍突出于黏膜表面，以后小结节逐渐增大并互相融合，形成一层黄白色干酪样的假膜，覆盖在黏膜上面。这层假膜是由坏死的黏膜组织和炎性渗出物质凝固而形成，很像人的"白喉"，故称白喉型鸡痘或鸡白喉。如果用镊子撕去假膜，则露出红色的溃疡面。随着病情的发展，假膜逐渐扩大和增厚，阻塞在口腔和咽喉部位，使病鸡尤以幼雏鸡呼吸和吞咽障碍，甚至堵塞喉头和气管窒息死亡。

黏膜型鸡痘在眼结膜和鼻黏膜发生时，开始流出浆液性分泌物，以后有淡黄色脓性分泌物从眼鼻流出。眼睑肿胀，结膜上可见痘斑，结膜囊内可见脓性分泌物，有时眼睑黏合，睁不开眼。

（3）混合型　在鸡痘流行期间，上述两种病型同时或相继发生，多为先发生皮肤型，后扩大为黏膜型。混合型鸡痘全身症状明显，病情严重，死亡率高，蛋鸡的产蛋率明显下降。

【防治】

（1）预防　除了加强饲养管理、保持环境卫生良好、定期消毒、消灭蚊蝇及昆虫等一般性预防措施之外，可靠的办法是接种疫苗。目前，应用的疫苗有 3 种，即鸡胚化弱毒疫苗、鹌鹑化弱毒疫苗和鸽痘原鸡痘蛋白筋胶弱毒疫苗。疫苗接种应采取在鸡翅内侧无血管处皮下刺种，刺种时间应根据流行情况及病情酌定，一般在 35 日龄和 80 日龄各刺种 1 次。冬季、春季育雏在 6 月份以前，夏季、秋季育雏在 1 月龄前接种。

（2）治疗

①目前尚无特效治疗药物，主要采用对症疗法，以减轻病鸡的症状和防止并发症。

皮肤型鸡痘的痘痂，一般不做治疗，必要时可用 0.1% 高锰酸钾溶液冲洗患部，然后用镊子小心将痘痂剥离，伤口涂碘酊。病情不严重者可不做处理，亦可自然痊愈。

对白喉型鸡痘，应用镊子剥掉喉头黏膜表面的假膜，取出后用碘甘油或红霉素软膏涂于患处。对眼部的病变，先挤出结膜囊内的干酪样物，然后用 2% 硼酸溶液或生理盐水冲洗，再涂以金霉素眼药膏。剥下的假膜、痘痂或干酪样物都应烧掉，严禁乱丢，以防散毒。

发生鸡痘后也可视鸡日龄的大小，紧急接种新城疫Ⅰ系或Ⅳ系疫苗，以干扰鸡痘病毒的复制，达到控制鸡痘的目的。

②发生鸡痘后，由于痘斑的形成造成皮肤外伤，这时易继发葡萄球菌感染，而出现大批死亡。所以，大群鸡应使用广谱抗生素如环丙沙星或培福沙星、蒽诺沙星拌料或饮水，连用 5～7 天。

4. 鸡新城疫

鸡新城疫是由副粘病毒引起的一种主要侵害鸡和火鸡的急性、高度接触性和高度毁灭性的疫病。疾病的传播主要是健康鸡直接或间接接触病鸡、被污染的垫料、饲料、饮水以及运输工具等，病毒侵入鸡体主要经呼吸道、消化道黏膜和眼结膜。新城疫的易感动物有鸡、火鸡、野鸭、鹌鹑和鸽等多种禽类，其中以鸡最易感，鸡对新城疫病毒的易感性与鸡的品种、年龄、体况有关。本病一年四季都可发生，以春季、秋季发病较多。世界动物卫生组织（OIE）将其规定为 A 类疫病，我国把它归为一类疫病。

【临床症状】

病鸡精神沉郁，食欲下降或拒食，排绿色稀便，口、鼻内有多量酸臭黏液，摇头吞咽；呼吸困难，咳嗽有时发"咕噜"声；发病后期或紧急接种疫苗后出现头颈扭转、角弓反张、运动失调以及腿翅麻痹等症状。

（1）典型性 ND　腺胃乳头、心冠脂肪、盲肠扁桃体、十二指肠、泄殖腔、脑膜出血，腺胃与肌胃交界处的黏膜可见出血和溃疡，肌胃角质层下有出血点，喉头和气管黏膜出血，病程长的肠壁上可见枣核状溃疡。

（2）非典型性 ND　病理变化不明显，但多有嗉囊空虚、肠道淋巴结肿胀、出血或坏死，盲肠扁桃体、泄殖腔、心冠脂肪多有出血点。

【防治】

根据本场实际制定合理的免疫程序，并根据鸡群的免疫水平、疾病状况等调整免疫程序。在疫苗、接种方法的选择上，要局部免疫（喷雾、滴鼻、点眼）和整体免疫（注射）相结合；弱毒苗和灭活苗接种相结合使用以提高免疫效果。除清洁场外，一般不主张使用饮水免疫方法。

参考文献

［1］王佳贵. 肉鸡高效健康养殖关键技术 ［M］. 北京：化学工业出版社，2010

［2］管镇，陈宏生. 肉鸡高效益饲养技术 ［M］. 北京：金盾出版社，2009

［3］常泽军. 肉鸡 ［M］. 北京：中国农业大学出版社，2006

［4］国庆宏. 无公害肉鸡安全生产手册 ［M］. 北京：中国农业出版社，2008